遊戲中學習
Scratch
運算思維與程式設計

數位新知 —— 著

五南圖書出版公司 印行

序言

　　Scratch是美國麻省理工學院（MIT）所開發的程式語言，此軟體的主要特色就是利用堆疊與鑲嵌等方式，將各種類型的程式積木組合在一起，只要程式積木之間可以互相嵌接，就可以按下綠旗讓畫面動起來。由於軟體本身是免費的自由軟體，而且採用圖形化介面，又可以透過積木堆疊的方式來訓練邏輯思考與解決問題的能力，甚至可以激發創意與思考力，對於中小學的學生來說，相當的適合。有鑑於此，筆者特別推薦此套軟體給大家認識。

　　使用這套軟體，可以創造出問答方式或互動式的故事、動畫、遊戲等內容，也可以將設計的作品分享給全世界的人。為了讓學習者可以快速學會此套軟體的精華，筆者規劃了16個章節的內容，除了認識Scratch的視窗環境外，開宗明義就先將舞台背景與角色造型的新增／編修技巧、腳本流程的規劃、程式堆疊技巧、聲音的插入與編輯等功能，做全方位的說明，接著就是依照軟體的難易程度，分別規劃成14個範例，其內容與重點說明如下：

➢ 動態賀卡的吸睛創意 —— 基礎動畫應用
➢ 超萌寶寶的魔法變裝秀 —— 動畫故事的串接
➢ 泰國旅遊的實境體驗 —— 單一角色多造型應用
➢ 夢幻海底世界的私房創意 —— 反彈與隨機運算

➢ 幼兒字卡練習器——廣播與收到訊息的應用
➢ 百變髮型設計懶人包——等待滑鼠被點擊
➢ 風景相片魅惑萬花筒——縮圖按鈕的應用
➢ 歡樂同學錄的製作錦囊——按鈕連結顯示
➢ 驚奇屋歷險特效攻略——滑鼠游標的應用
➢ 筆畫心情塗鴉板——筆畫效果應用
➢ 打造音樂演奏饗宴——樂器與琴鍵的應用
➢ 發財金幣不求人——左右按鍵控制
➢ 老實樹遊戲攻心密技——詢問與回答的應用
➢ 地表最好玩的乒乓球PK賽——座標與角色控制

　　對於Scratch軟體所提供的程式類型與程式積木，筆者儘可能
都將它們應用到所規劃的範例中，並將程式積木做完整的解說。
筆者以嚴謹的態度來規劃本書，因此在腳本的規劃與邏輯思考方
面也多所著墨，期望任何人都可以輕鬆學會Scratch軟體，然後將
自己的創意表現出來。若還有疏漏之處，還請先輩們多多指教。

目錄

第一章

運算思維與 Scratch 程式設計

對於一個有志於從事資訊專業領域的人員來說，程式設計是一門和電腦硬體與軟體息息相關涉獵的學科，稱得上是近十幾年來蓬勃興起的一門新興科學。更深入來看，程式設計能力已被看成是國力的象徵，連教育部都將撰寫程式列入國高中學生必修課程，讓寫程式不再是資訊相關科系的專業，而是全民的基本能力。

程式設計能力已經被看成是國力的象徵

沒有所謂最好的程式語言，只有是否適合的程式語言，程式語言本來就只是工具，從來都不是重點。「程式語言」就是一種人類用來和電腦溝通的語言，也是用來指揮電腦運算或工作的指令集合，可以將人類的思考邏輯和意圖轉換成電腦能夠了解與溝通的語言。

人類和電腦之間溝通的橋梁就是程式語言，否則就變成雞同鴨講

1-1 認識運算思維

　　隨著資訊與網路科技的高速發展，計算能力的重要性早已慢慢消失，反而程式設計課程的主要目的特別著重在學生「運算思維」（Computational Thinking, CT）的訓練。由於運算思維概念與現代電腦強大執行效率結合，讓我們在今天具備擴大解決問題的能力與範圍，必須在課程中引導與鍛鍊學生建構運算思維的觀念，也就是說，分析與拆解問題能力的培養，是AI時代必備的數位素養。

※Tips※

人工智慧（Artificial Intelligence, AI）的概念最早是由美國科學家John McCarthy於西元1955年提出，目標為使電腦具有類似人類學習解決複雜問題與展現思考等能力，舉凡模擬人類的聽、說、讀、寫、看、動作等的電腦技術，都被歸類為人工智慧的可能範圍。簡單地說，人工智慧就是由電腦所模擬或執行，具有類似人類智慧或思考的行為，例如推理、規劃、問題解決及學習等能力。

　　基本上日常生活中的大小事，無疑都是在解決問題，任何只要牽涉到「解決問題」的議題，都可以套用運算思維來解決。讀書與學習就是為了

培養生活中解決問題的能力，運算思維是一種利用電腦的邏輯來解決問題的思維，就是一種能夠將問題「抽象化」與「具體化」的能力，也是現代人都應該具備的素養。目前許多歐美國家從幼稚園就開始訓練學生的運算思維，讓學生們能更有創意地展現出自己的想法與嘗試自行解決問題。

我們可以這樣形容：「學程式設計不等於學運算思維，然而程式設計的過程，就是一種運算思維的表現。如果想學好運算思維，透過程式設計絕對是最佳途徑。」西元2006年美國卡內基梅隆大學Jeannette M. Wing教授首度提出了「運算思維」的概念，她提到運算思維是現代人的一種基本技能，所有人都應該積極學習，隨後Google也為教育者開發出一套運算思維課程（Computational Thinking for Educators）。這套課程提到培養運算思維的四個面向，分別是拆解（Decomposition）、模式識別（Pattern Recognition）、歸納與抽象化（Pattern Generalization and Abstraction）與演算法（Algorithm），雖然這並不是建立運算思維唯一的方法，不過透過這四個面向我們能更有效率地發想，並利用運算方法與工具解決問題的思維能力，進而從中建立運算思維。

※Tips※

演算法（Algorithm）是人類利用電腦解決問題的技巧之一，也是程式設計領域中最重要的關鍵，常常被使用為設計電腦程式的第一步，演算法就是一種計畫，每一個指示與步驟都是經過計畫的，而這個計畫裡面包含解決問題的每一個步驟跟指示。

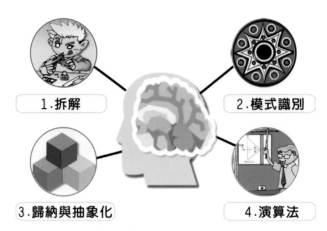

運算思維的四個步驟示意圖

　　訓練運算思維的過程中，其實就養成了學習者用不同角度，以及現有資源解決問題的能力，能針對系統與問題提出思考架構的思維模式，正確的使用這四個方式，並可以運用既有的知識或工具，找出解決艱難問題的方法。而學習程式設計，就是要將這四種面向，有系統的學習與組合，並使用電腦來協助解決問題。

1-2 下載及安裝Scratch

　　Scratch是美國麻省理工學院（MIT）所開發的程式語言，它可以透過程式積木的堆疊與組合，來創造出各種互動式故事、動畫、音樂、藝術創作或遊戲。由於Scratch是一套免費的自由軟體，所以經常被運用在學校或社區中心的教學與展示上。目前很多學校及單位都在推廣Scratch，藉由這套圖形化的程式設計軟體，讓青少年學子可以輕鬆規劃動畫劇情，把學過的數學概念與Scratch程式積木相結合，進而強化學子們的邏輯思考與分析能力。另外對於設計流程的控制、問題的解決、團隊的合作等技能也能有所體驗。

※Tips※

積木式語言就是設計者可以使用拖曳積木的方式組合出程式，使用圖形化
的拼塊積木來做堆疊鑲嵌，讓使用者可以透過控制、邏輯、數學、本文、
列表、顏色、變數、過程等類型的程式積木來設置或控制角色及背景的行
動和變化來開發程式，不用擔心會像學習其他程式語言因為不熟悉語法而
導致bug（臭蟲）發生。

　　為了讓各位可以快速使用Scratch程式，此篇將針對其視窗環境與基
本操作技巧做說明，讓初學者都可以快速進入Scratch的殿堂。接下來我
們將針對Scratch 3.0的下載及視窗環境作介紹。

　　Scratch有兩種編輯器：一個是網頁版編輯器，可直接進行線上的作
品編輯與儲存；另一種則是離線編輯器，讓使用者在未上網的情況下，也
可以在電腦桌面上編輯作品。

1-2-1 網頁版編輯器

　　網頁版編輯器，顧名思義就是可以直接在該網站上製作與編輯專
案。請在瀏覽器的網址列上輸入「https://scratch.mit.edu/」的網址。

1

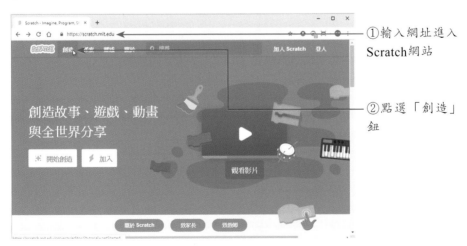

①輸入網址進入
Scratch網站

②點選「創造」
鈕

2

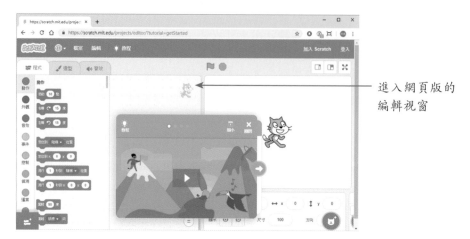

進入網頁版的
編輯視窗

　　在網頁右上角有個「加入Scratch」鈕，也就是註冊一個Scratch
帳號，只要選用一個用戶名稱與密碼即可，並不需要任何費用。加入
Scratch的好處是可以進行分享，讓其他人同時欣賞你的作品，也能開啓
「評論」的功能，增加與他人互動的機會。

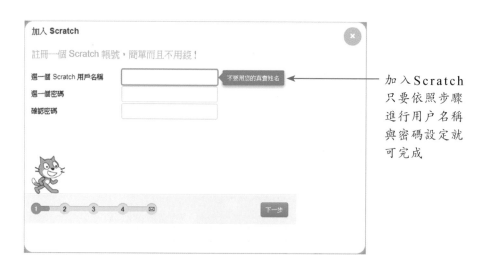

加入Scratch
只要依照步驟
進行用戶名稱
與密碼設定就
可完成

　　加入Scratch之後，下回按下「登入」鈕並輸入使用者用戶名稱與密碼，就可以在用戶名稱下進行個人資訊或帳戶設定，而你曾編輯過的專案作品也能一覽無遺。

1

①按下「登入」鈕

②輸入用戶名稱與密碼

③按下「登入」鈕

2

由此下拉可看到個人的專案作品與個人資訊

1-2-2 離線編輯器

假如覺得必須上網才能編輯Scratch作品太麻煩，那麼也可以考慮把程式下載下來，然後安裝到個人電腦上，請在Scratch首頁的底端按下「離線編輯器」來進行下載。

1

①進入Scratch網站首頁

②由底端按下「離線編輯器」

2

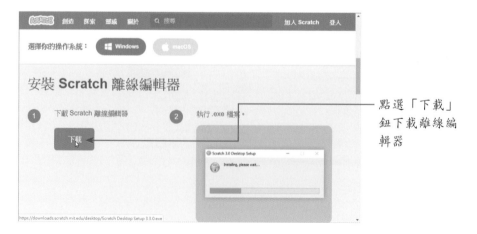

點選「下載」鈕下載離線編輯器

下載後請按滑鼠兩下於「Scratch Desktop Setup.exe」執行檔進行安裝，稍待一下就可以在電腦桌面上看到「Scratch Desktop」的圖示鈕了！

1-3 全新的工作環境

當離線編輯器安裝完成後，由桌面上按滑鼠兩下於Scratch Desktop圖示鈕即可開啓Scratch編輯器。下面是Scratch的工作環境，這裡先對各區域做說明，好讓各位能快速進入狀況。

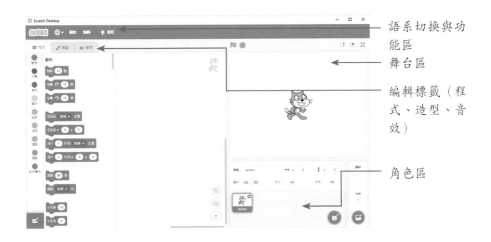

語系切換與功能區

舞台區

編輯標籤（程式、造型、音效）

角色區

1-3-1 語系切換與功能區

Scratch支援各國語系，在預設狀態下視窗畫面爲英文版，如果你想將Scratch介面更換爲中文，可以透過 ⊕▾ 鈕來進行切換。

CHAPTER

1

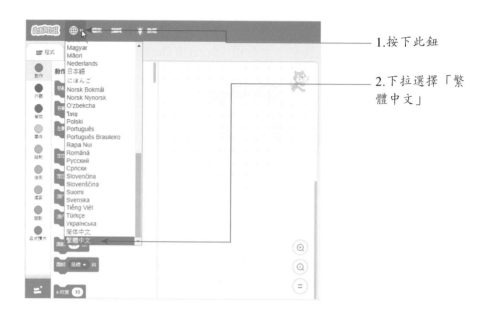

1.按下此鈕

2.下拉選擇「繁
體中文」

　　在語系 🌐▾ 右側是功能區，「檔案」功能主要提供專案的新建、從電腦開啟、下載專案等動作；「編輯」功能則是進行復原或開啟加速模式；而「教程」則提供動畫、藝術、音樂、遊戲、故事等各種類型的範例，讓學習者可以依照教程一步步學習程式積木的使用技巧，如下圖所示：

1

①點選「教程」
　進入此視窗
②選擇要學習的
　範例

2

按此鈕可播放影
片說明

按此鈕可依照步
驟學習

CHAPTER

1

1-3-2 舞台區

　　舞台區是場景安排與程式執行結果的地方。其原點（0,0）的座標在
舞台中央，水平為X軸，往右為正數，往左為負數；垂直為Y軸，往上為
正數，往下為負數。舞台大小如圖示：

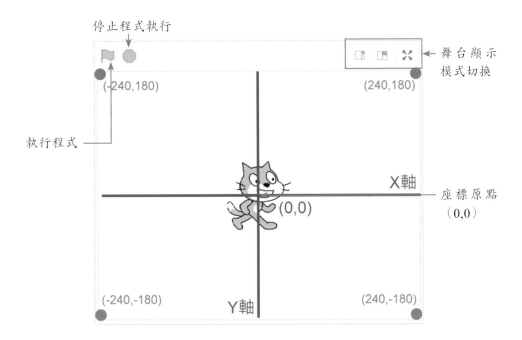

停止程式執行

舞台顯示
模式切換

(-240,180)　　　　　　　　　　　　(240,180)

執行程式

X軸

座標原點
（0,0）

(0,0)

(-240,-180)　　　Y軸　　　　　(240,-180)

　　舞台右上方有三個按鈕，除了 ▣ 鈕可做全螢幕的檢視外，其餘二鈕可做大 / 小舞台的切換，大舞台便於編排舞台上的角色，而小舞台可提供更大的指令編輯區域。左上方的綠旗 ⚐ 可執行該專案，紅鈕 ⬤ 則是停止專案的執行。

➢ 全螢幕檢視模式

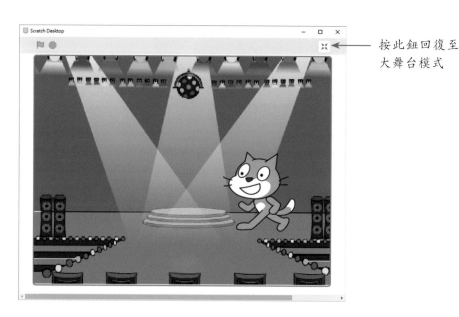

按此鈕回復至
大舞台模式

➢ 小舞台檢視模式

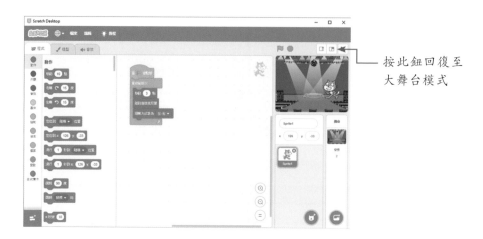

按此鈕回復至
大舞台模式

1-3-3 角色區

　　角色區位在視窗的右下方，用來顯示專案中所使用到的角色。在預設狀態下，角色區已有一個角色被選取，如需新增其他角色，可透過 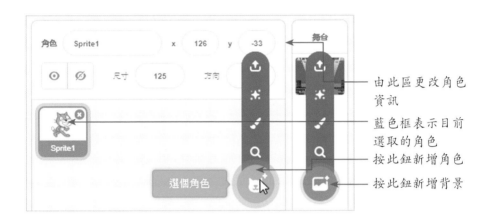 鈕來增設，而背景部分則由 鈕來新增或新繪。針對角色或背景的增設，在下一章節會有詳細介紹。

　　點選角色後，上方的白色區塊可更改角色名稱、位置、旋轉方式以及大小。

1-3-4 編輯標籤

　　視窗左側主要包含三大標籤：程式、造型、音效。

➤「程式」標籤

　　包含九種不同的程式類型，以不同顏色區分，方便使用者辨識，右側則顯示該程式類型的程式積木。使用者只要拖曳動作積木到右側的腳本區，根據需要修改空格中的參數，再按滑鼠兩下於該積木，就可以看到執行的效果。

CHAPTER

1

CHAPTER

1

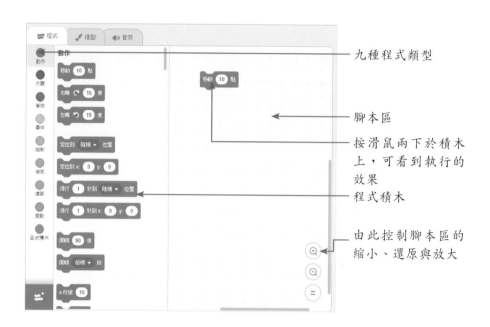

九種程式類型

腳本區

按滑鼠兩下於積木
上，可看到執行的
效果

程式積木

由此控制腳本區的
縮小、還原與放大

> **「造型」標籤**

「造型」標籤主要作為角色造型的新增或編修，它提供各種繪圖工具
或色彩可使用。

如果在角色區裡點選舞台背景，那麼「造型」標籤會自動變成「背景」標籤，方便各位做底圖的編輯。

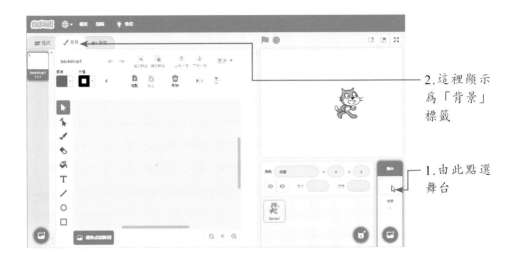

2.這裡顯示為「背景」標籤

1.由此點選舞台

➤ 「音效」標籤

提供聲音的播放、新增、錄製、音量控制以及音效的設定。

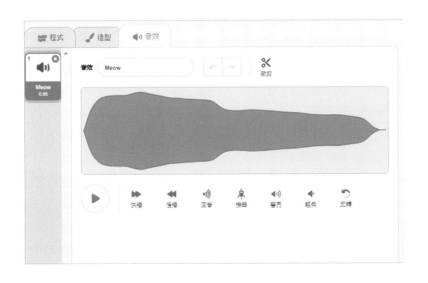

1-4 專案的儲存

　　Scratch 3.0的特有專案格式是「*.sb3」，此檔案格式只有在安裝 Scratch 3.0版本的電腦中才能夠讀取。一般來講，新版本可以讀取舊版本 的檔案，但是舊版本Scratch 2.0無法讀取新版本「*.sb3」的檔案。

　　要儲存所編輯的專案，請由「檔案」功能表下拉選擇「下載到你的電 腦」指令，接著在「另存新檔」視窗中輸入檔名，即可儲存專案。

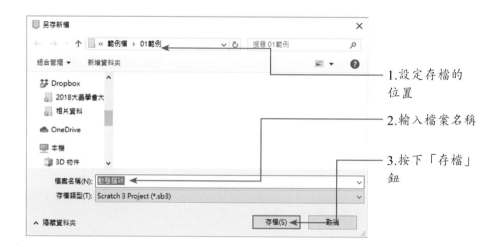

第二章

馬上就會基本操作功能

在前一章節中，相信各位對Scratch的視窗環境已經有初步的認識。接下來的章節則是針對軟體的操作技巧做說明，包括：角色的新增與編輯，舞台背景的新增、程式指令的插入、屬性的變更修改以及聲音的插入等，讓各位快速進入Scratch的編輯程序。

2-1 新增角色

Scratch新增角色的方式有四種，使用者可以透過「角色區」右下方的 鈕來新增。

2-1-1 從角色倉庫中選擇範例角色

　　Scratch內建有角色倉庫，裡面存放著各種類別的角色，只要點選角色縮圖，就可以將角色加入到「角色區」中。

1

②出現清單時
點選此鈕選個
角色

①滑鼠移至此

2

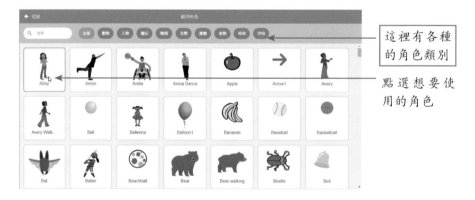

這裡有各種
的角色類別

點選想要使
用的角色

3

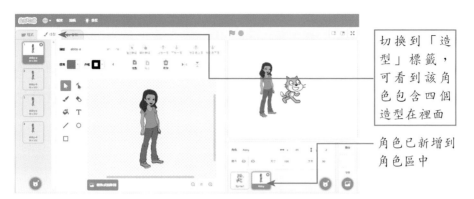

切換到「造型」標籤，可看到該角色包含四個造型在裡面

角色已新增到角色區中

CHAPTER

2

特別注意的是，利用如上方式所加入的角色，每個角色都會擁有自己的指令動作。不過在Scratch中，允許同一個角色擁有多個造型變化，因此各位可以在「造型」標籤中看到四個不同造型，而此四個造型則會執行同一個指令動作。至於新增造型的方式，稍後會跟各位做說明。

2-1-2 畫新角色

如果角色倉庫中沒有你要的造型圖案，也可以利用Scratch所提供的繪圖工具來自行繪製新角色。

1

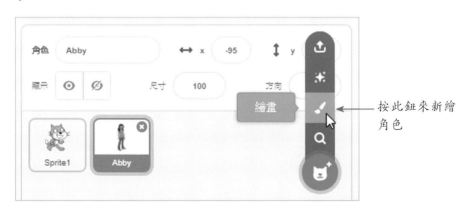

按此鈕來新繪角色

2

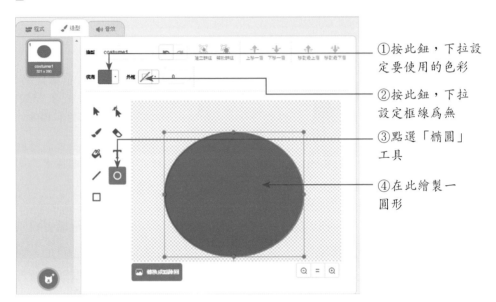

①按此鈕，下拉設
　定要使用的色彩

②按此鈕，下拉
　設定框線為無

③點選「橢圓」
　工具

④在此繪製一
　圓形

3

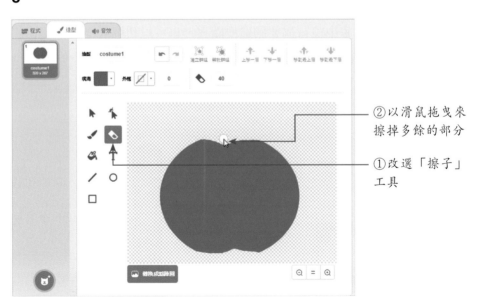

②以滑鼠拖曳來
　擦掉多餘的部分

①改選「擦子」
　工具

4

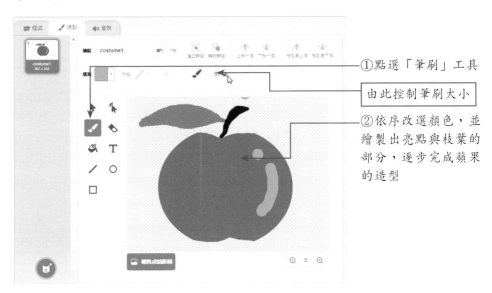

①點選「筆刷」工具

由此控制筆刷大小

②依序改選顏色,並
繪製出亮點與枝葉的
部分,逐步完成蘋果
的造型

5

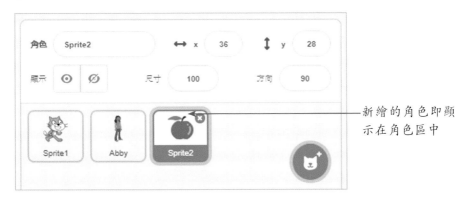

新繪的角色即顯
示在角色區中

2-1-3 上傳角色檔案

假如覺得從無到有繪製角色太花時間,也可以將現成的圖片匯入到
Scratch中使用,只要利用繪圖軟體將角色的背景去除,並儲存成去背景
的PNG格式,就可以透過「上傳」功能來匯入角色。

1

按此鈕上傳新
角色檔案

2

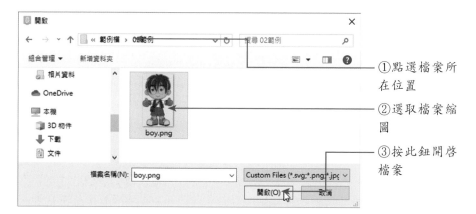

①點選檔案所
在位置

②選取檔案縮
圖

③按此鈕開啟
檔案

3

角色已顯示在
角色區中

2-1-4 驚喜的角色

　　在新增角色時，如果選擇「驚喜」鈕，那麼每次出現的角色都不相同，讓你有驚奇的感受喔！

按此鈕會隨機加入一個新角色

※Scratch技巧※

在角色區所繪製或使用的角色，可以利用滑鼠右鍵選擇「匯出」指令，它會將選定的角色名稱儲存為Sprite，而儲存下來的檔案只有Scratch可以讀取，下回在其他專案中可以透過角色區的「上傳」鈕加入至角色區中。

2-2 編輯角色與造型

　　透過上一小節介紹的方式，各位可以輕鬆將角色匯入到Scratch中，接下來我們將介紹角色區的角色管理以及造型的編修，讓角色能夠更符合各位的需求。

2-2-1 複製角色

　　角色區裡的角色被插入後，對於相似度高的角色，可以透過「複製」方式來增設。以撞球為例，這裡將告訴各位如何快速製作其他的撞球角色。

1

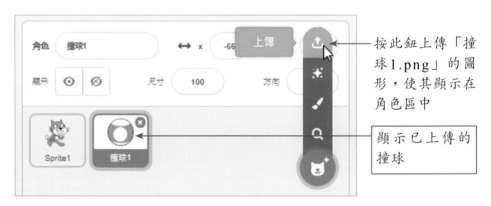

按此鈕上傳「撞球1.png」的圖形，使其顯示在角色區中

顯示已上傳的撞球

2

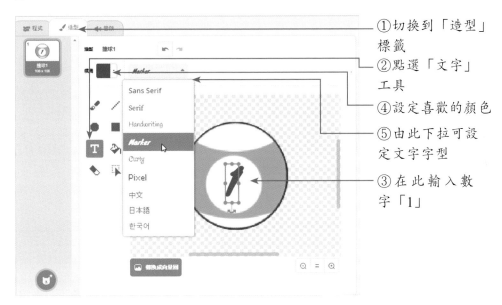

①切換到「造型」標籤

②點選「文字」工具

④設定喜歡的顏色

⑤由此下拉可設定文字字型

③在此輸入數字「1」

3

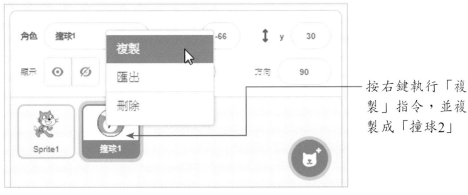

按右鍵執行「複製」指令，並複製成「撞球2」

4

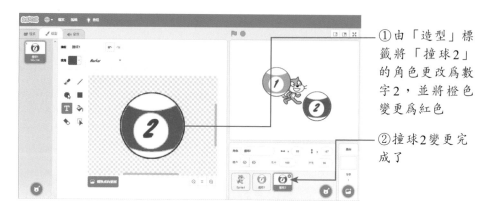

① 由「造型」標籤將「撞球2」的角色更改爲數字2，並將橙色變更爲紅色

② 撞球2變更完成了

2-2-2 刪除角色

當角色區的角色越來越多時，如果確定某些角色不會再用到，不妨考慮將它們刪除。

1

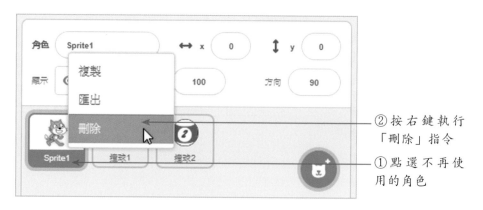

② 按右鍵執行「刪除」指令

① 點選不再使用的角色

2

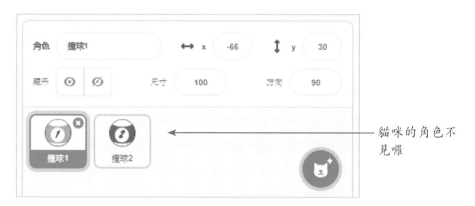

貓咪的角色不
見囉

2-2-3 單一角色多種造型

　　在前面我們曾經提到過，一個角色中允許它擁有多種造型變化，屆時利用程式的控制，就可以讓多種造型不斷地替換或循環。

　　要為單一的角色新增造型，主要利用「造型」標籤來處理，而新增造型的方式大致上與新增角色的方式相同。此處以「上傳造型檔案」的方式為各位做示範。

1

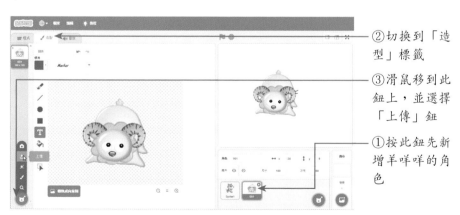

②切換到「造
型」標籤

③滑鼠移到此
鈕上，並選擇
「上傳」鈕

①按此鈕先新
增羊咩咩的角
色

2

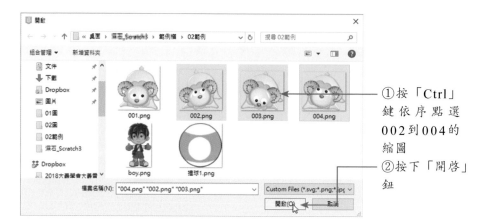

①按「Ctrl」
鍵依序點選
002到004的
縮圖

②按下「開啓」
鈕

3

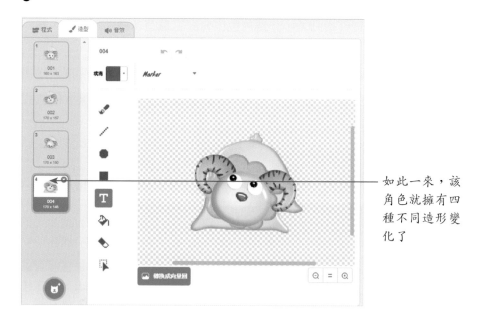

如此一來,該
角色就擁有四
種不同造形變
化了

※Scratch技巧※

在進行造型設定時，「選個造型」  鈕中還有提供「拍照」的功能，只要你的電腦上有安裝攝影鏡頭，就可以透過「拍照」功能來新增造型。

1.點選「拍照」功能

2.調整好姿勢按下「拍照」鈕

3.拍攝完成按下「儲存」鈕，就會儲存在「造型」標籤裡

2-3 新增舞台背景

　　學會角色和造型的新增方式後，再來就要學習舞台背景的製作方法。因為若只有動感十足的角色，卻沒有搭配精緻的背景舞台，可能無法讓畫面吸引眾人目光。因此這裡先來瞧瞧舞台背景的新增方式。

2-3-1 選擇背景範例庫

　　Scratch的背景範例庫中，存放著各式各樣的背景畫面，使用者可以透過角色區或「背景」標籤 鈕來新增背景。

CHAPTER

2

1

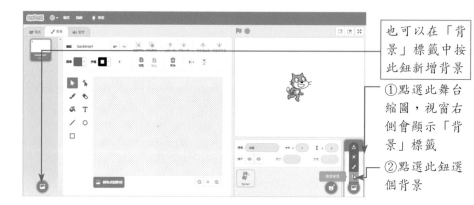

也可以在「背景」標籤中按此鈕新增背景

①點選此舞台縮圖，視窗右側會顯示「背景」標籤

②點選此鈕選個背景

2

選取喜歡的背景舞台

3

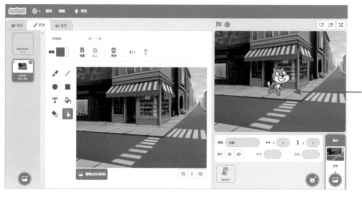

精緻好看的背景已經呈現在眼前

　　對於多餘的空白舞台若要將它刪除，只要選取後按右鍵執行「刪除」指令，或是點選縮圖右上角的 ⊗ 鈕就可以刪除。

2-3-2 上傳背景檔案

　　自行繪製背景會耗費較多時間，如果自認沒有繪畫長才，那麼就找個現成的背景底圖來使用吧！由於Scratch的舞台尺寸寬為480像素，高為360像素，各位可以先利用繪圖軟體將圖片裁切或縮放成此比例，再上傳到Scratch裡。如果不熟悉其他的繪圖程式，也可以上傳到Scratch後，再以「選取」 ▶ 工具來做縮放，如果插入的圖形並非4:3的比例，則畫面會有變形的情況發生。

1

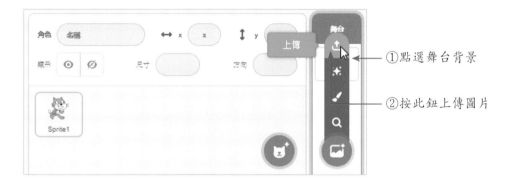

①點選舞台背景

②按此鈕上傳圖片

2

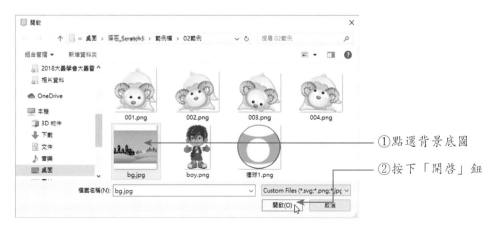

①點選背景底圖

②按下「開啟」鈕

3

②先以方框選取
　圖片，再拖曳圖
　片四角或四邊的
　控制點，將圖片
　放大到舞台邊界
①點選「選擇」
　工具

4

顯示滿版的背
景底圖

2-3-3 繪製背景

　　除了在Scratch的範例背景庫中選用背景或是上傳現有圖片外，也可以利用Scratch所提供的繪圖工具來繪製新背景，繪製時也能夠插入圖片一起混搭使用喔！以下就為各位做示範說明，同時學習相關工具的使用技巧：

1

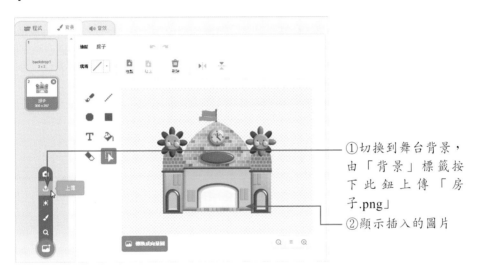

①切換到舞台背景，由「背景」標籤按下此鈕上傳「房子.png」

②顯示插入的圖片

2

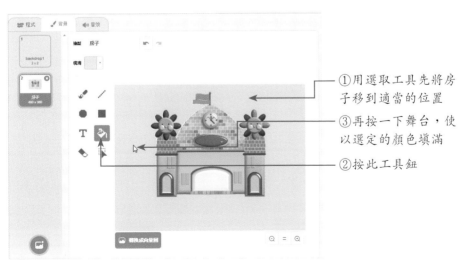

①用選取工具先將房子移到適當的位置

③再按一下舞台，使以選定的顏色填滿

②按此工具鈕

CHAPTER

2

3

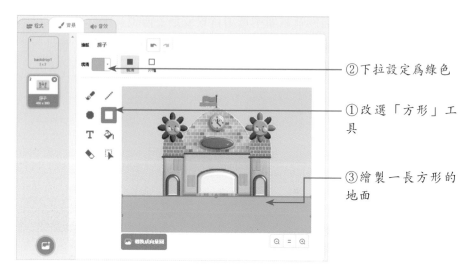

②下拉設定為綠色

①改選「方形」工具

③繪製一長方形的地面

4

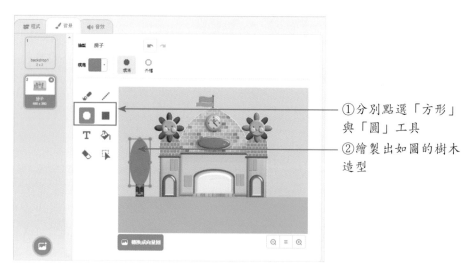

①分別點選「方形」與「圓」工具

②繪製出如圖的樹木造型

5

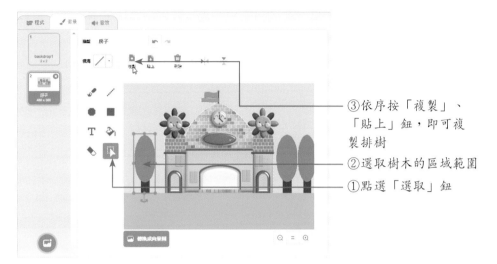

③依序按「複製」、「貼上」鈕，即可複製排樹

②選取樹木的區域範圍

①點選「選取」鈕

6

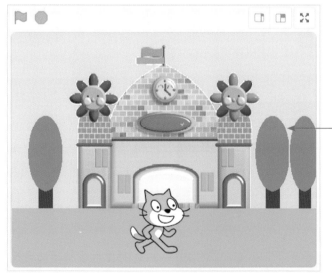

自己繪製的舞台背景完成囉

2-3-4 從相機擷取新背景

　　若各位要直接透過攝影機的鏡頭來擷取背景影像，按下 📷 鈕後調整拍攝的位置和角度就可辦到。

1

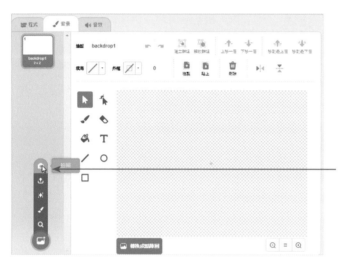

點選舞台背景後，按此鈕從相機擷取新背景

2

①調整所要拍攝的角度與位置

②按此鈕即可進行拍照

拍照

　　拍照與儲存後，相片就會顯示在「背景」標籤中，如需調整相片大小與位置，可以用「選取」工具選定範圍後再進行縮放。

2-4 堆疊程式積木

　　在前面的章節中，我們已經將舞台背景、角色 / 造型的新增或編修等技巧做了完整的說明，相信各位已經迫不急待的想要大顯身手一番，不過請再稍等一下，因為Scratch最大的特點就是可以透過積木的堆疊，來產生動態或互動式的畫面，因此這裡要先做些簡要的程式說明。

2-4-1 程式執行與全部停止

　　假如各位有在Scratch的腳本區中加入程式積木，那麼透過舞台區左上方的綠旗 ▶ 可執行該程式，紅鈕 ⬣ 則可停止程式的執行。

1.開啟「羊咩咩OK.sb3」的範例檔，按下綠旗鈕播放專案

2.畫面中的羊咩咩不停的變換動作

2-4-2 程式的九大類型

在Scratch中「程式」標籤內的指令共分爲九種類型，「事件」是負責整個程式的啓動，而程式的執行則是由「動作」、「外觀」、「音效」、「控制」、「偵測」、「運算」、「變數」、「函式積木」等所屬的程式積木堆疊而成。

此處先簡要說明程式區裡的九種程式類型及其包含的功能。

程式類型	功能
動作	提供角色的移動、旋轉角度、座標位置、面向或滑行位置。
外觀	有關角色的造型切換、顯示文字、大小、特效改變、圖層位置、顯示或隱藏……等外觀的控制。
音效	控制播放的聲效、節奏、音量或停止所有聲音。
事件	主要控制程式的啓動。諸如：當綠旗被點擊、當按下空白鍵／方向鍵／英文字、當角色被點擊、廣播、背景切換……等的偵測，以便開始執行下一行的動作指令。
控制	控制等待的時間、重複的次數、不停重複、如果否則條件、創造分身或分身產生時所執行的動作。
偵測	用來偵測事件的發生與否。諸如：角色碰到邊緣／滑鼠游標、碰到顏色、滑鼠鍵被按下、滑鼠座標位置、計時器、目前時間……等。
運算	有關加／減／乘／除的運算、隨機選一個數、大小判斷、四捨五入、邏輯條件判斷。
變數	用來產生變數或清單。
函式積木	提供新增積木指令。

2-4-3 腳本與流程的規劃

以上面的「羊咩咩」爲例，各位可以看到當綠旗被按下時，畫面中的羊咩咩會不停地變換動作。也就是說，羊咩咩（角色）會每隔0.5秒依序

顯示下一個造型，而且不斷地重複。依據這樣的腳本，可以利用以下的程式積木來堆疊出程式執行的流程：

✓ 事件：當綠旗被點擊
✓ 控制：等待0.5秒
✓ 外觀：下一個造型
✓ 控制：不停重複

2-4-4 加入程式積木

了解腳本的內容後，現在準備在腳本區裡加入程式積木。請先開啟「羊咩咩.sb3」，然後跟著筆者的腳步進行設定。

➢ 讓羊咩咩變換造型

在「羊咩咩.sb3」的範例中，我們只建立了一個角色—羊咩咩，而羊咩咩包含四個不同的造型變化。如圖示：

羊咩咩角色包含四種造型變化

首先要讓羊咩咩可以更換到下一個造型。

1

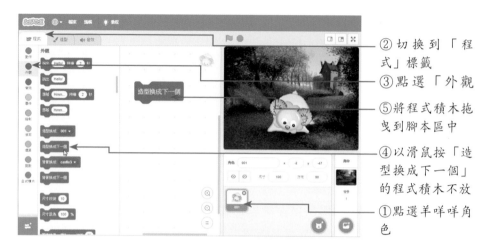

②切換到「程式」標籤

③點選「外觀」

⑤將程式積木拖曳到腳本區中

④以滑鼠按「造型換成下一個」的程式積木不放

①點選羊咩咩角色

2

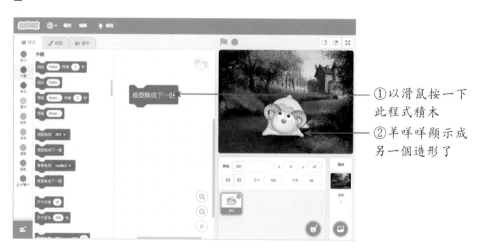

①以滑鼠按一下此程式積木

②羊咩咩顯示成另一個造形了

➤ 不停重複造型變換

當我們在腳本區裡依序按滑鼠左鍵於 造型換成下一個 的積木時，可以看到造型依序在變換。不過以人工操控太傷手，現在要利用程式的控制，讓羊咩咩可以不停地重複做造型變換。

1

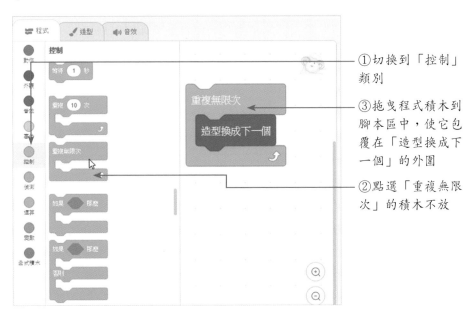

①切換到「控制」
類別

③拖曳程式積木到
腳本區中，使它包
覆在「造型換成下
一個」的外圍

②點選「重複無限
次」的積木不放

2

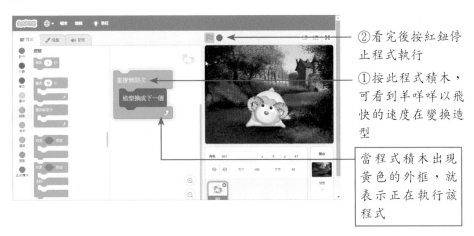

②看完後按紅鈕停
止程式執行

①按此程式積木，
可看到羊咩咩以飛
快的速度在變換造
型

當程式積木出現
黃色的外框，就
表示正在執行該
程式

※深入研究※

「重複無限次」的動作積木呈現「匸」字形，表示程式會不停重複地執行
其內層的動作指令。

➤ 等待0.5秒後再換下一個造型

　　當按一下「重複無限次」的積木時，會看到羊咩咩以飛快的速度在變換造型，因此我們要透過「控制」類別的程式積木來讓變換的速度減慢。

1

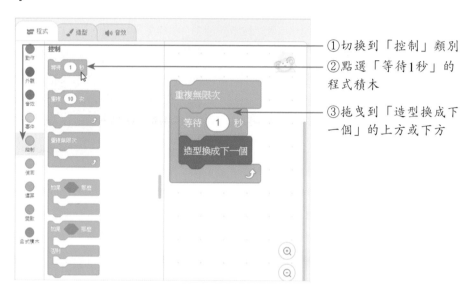

①切換到「控制」類別
②點選「等待1秒」的程式積木
③拖曳到「造型換成下一個」的上方或下方

2

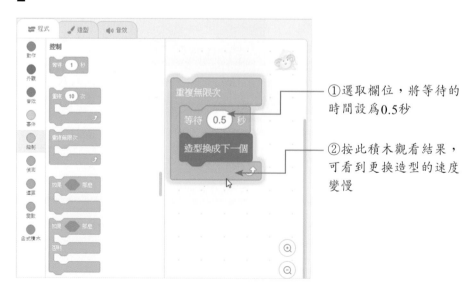

①選取欄位，將等待的時間設為0.5秒

②按此積木觀看結果，可看到更換造型的速度變慢

➢ 設定由綠旗啓動程式

在Scratch中觀賞者都是透過綠旗來啓動程式，因此在剛剛設定的動作中，也必須加入「事件」類別中的 [　] 的程式積木，這樣Scratch才會啓動程式。

1.切換到「事件」類別
4.按綠旗鈕即可啓動程式
3.將其放置在其他的程式積木上方
2.點選「當綠旗被點擊」的程式積木

透過上面的解說，相信各位可以清楚地了解整個設計流程，也能夠透過邏輯思考，來將設計的腳本與程式指令相結合。

2-5 聲音的魔力

Scratch提供插入聲音的方式有四種，都是透過「音效」標籤來處理。除了「驚喜」 [✶] 是由Scratch不預期地為各位加入音效外，這裡會介紹其他三種聲音的插入方式。

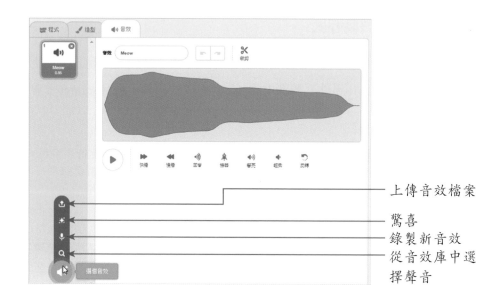

上傳音效檔案

驚喜

錄製新音效

從音效庫中選擇聲音

2-5-1 從音效庫中選擇聲音

在「音效」標籤中點選 🔍 鈕，可以從音效庫中選取Scratch所內建的聲音檔。

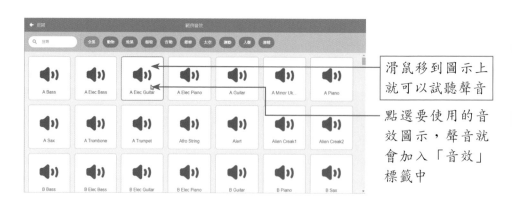

滑鼠移到圖示上就可以試聽聲音

點選要使用的音效圖示，聲音就會加入「音效」標籤中

2-5-2 錄製新音效

若你想將聲音錄製到Scratch編輯器中，那麼請將麥克風連結到電

腦，按下「音效」標籤中的「錄製」🎤鈕，並依照如下步驟進行錄音。

1

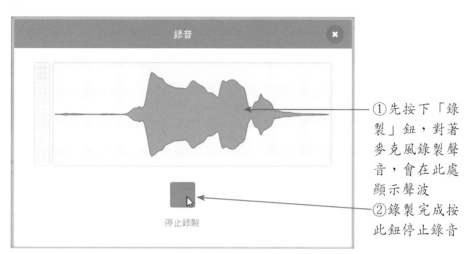

①先按下「錄製」鈕，對著麥克風錄製聲音，會在此處顯示聲波
②錄製完成按此鈕停止錄音

2

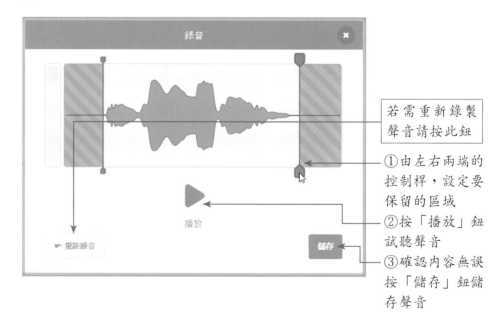

若需重新錄製聲音請按此鈕

①由左右兩端的控制桿，設定要保留的區域
②按「播放」鈕試聽聲音
③確認內容無誤按「儲存」鈕儲存聲音

2-5-3 上傳音效檔案

若電腦上有現成的音檔或聲效，只要是*.wav或*.mp3的格式，都可以利用 鈕進行上傳。

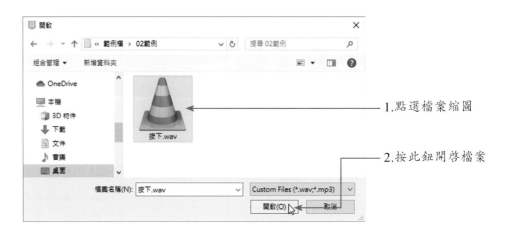

1.點選檔案縮圖

2.按此鈕開啟檔案

2-5-4 編輯聲音與效果

將聲音加到Scratch後，「音效」標籤還提供各項編輯功能，包括剪裁、快轉、回音、機器、響亮、輕柔、反轉等處理。直接按下按鈕就可以加入該效果。

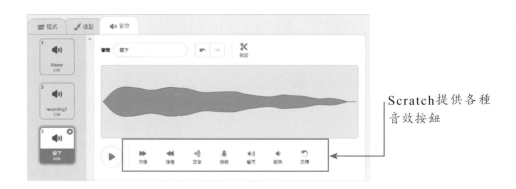

Scratch提供各種音效按鈕

2-5-5 加入「聲音」類別的程式積木

當聲音上傳到Scratch後，還必須透過「程式」標籤中的「音效」類別，才能控制聲音的播放。此處我們延續「羊咩咩Ok.sb3」做說明。

1

①開啓範例檔「羊咩咩Ok.sb3」
③顯示新加入的「pop」音效
②在「音效」標籤中按下此鈕，並新增「pop」的音效檔

2

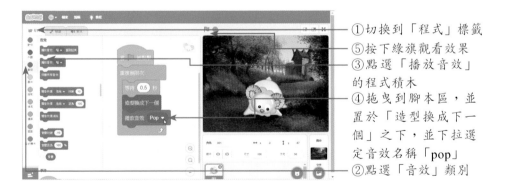

①切換到「程式」標籤
⑤按下綠旗觀看效果
③點選「播放音效」的程式積木
④拖曳到腳本區，並置於「造型換成下一個」之下，並下拉選定音效名稱「pop」
②點選「音效」類別

現在已經將Scratch的各項基本操作技巧做了說明，相信各位對於角色／舞台的新增、程式積木的堆疊、聲音的處理等都有完整的概念。下一章開始將以各種範例做說明，讓各位能夠將程式區的各項指令積木靈活運用在創意設計中。

第三章

動態賀卡的吸睛創意

3-1 腳本規劃與說明

　　這個範例將以情人節賀卡為主題，來設計一張動態卡片，用以慶賀情人節快樂。此卡片將利用程式指令的控制，讓心型圖案做放大／縮小，「情人節快樂」等文字做左右來回的移動，而舞台背景則做顏色特效的改變。本範例所包含的物件說明如下：

縮圖	檔案名稱	說明
	背景.png	舞台背景由橙、黃、綠、藍、紫、紅色等依序變換色彩。
	心型.png	重複不斷地做放大及縮小的變化。
情人節快樂	文字.png	「情人節快樂」等文字不斷地做水平方向移動，而遇到舞台邊界則會反方向移動。
	禮物.png	裝飾作用，不做任何動作設定。

3-2 版面編排

首先將相關的圖片依序插入到Scratch中，並完成版面的編排。

3-2-1 上傳舞台背景

點選「檔案／新建專案」指令開啟新檔案，並依下面步驟上傳舞台背景。

CHAPTER

3

1

①點選背景

②按此鈕上傳背景
檔案

2

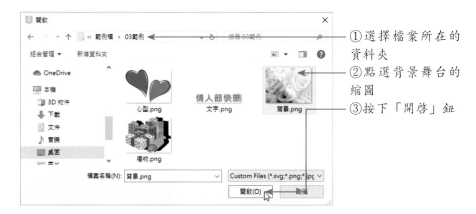

①選擇檔案所在的
資料夾

②點選背景舞台的
縮圖

③按下「開啟」鈕

3

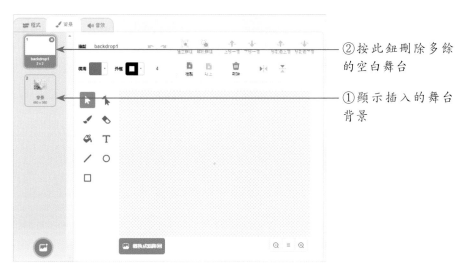

②按此鈕刪除多餘
的空白舞台

①顯示插入的舞台
背景

3-2-2 上傳角色檔案

將舞台背景上傳後，緊接著上傳相關的角色圖案。

1

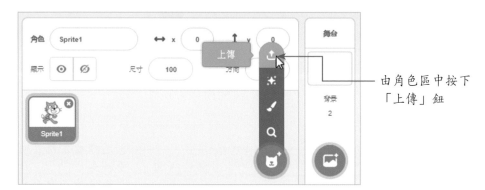

由角色區中按下
「上傳」鈕

2

①加按「Ctrl」鍵
點選此三張縮圖

②按此鈕開啓檔案

3

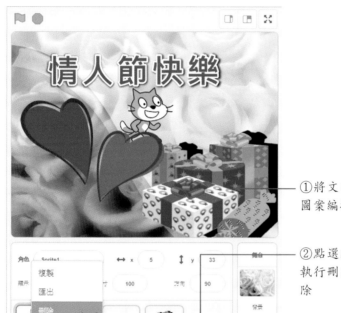

①將文字、心型、禮物等
　圖案編排在如圖的位置上

②點選貓咪圖案，按右鍵
　執行刪除」指令，使之刪
　除

　　將角色區中多餘的角色或舞台背景加以清除，這樣不但可以減少檔案量，對於日後的檔案編修也會比較順暢。

3-3 變換舞台背景顏色

　　在舞台背景方面，筆者希望背景圖案能自動地變換色彩，因此可利用「外觀」類型中的「圖像效果＿改變＿」來處理；若希望顏色變換的速度不要太快，可加入「控制」的「等待＿秒」；為了讓舞台背景能夠在專案開始播放時，就自動不停地變換顏色，因此必須加入「事件」中的「當綠旗被點擊」及「控制」中的「重複無限次」。

　　根據上面的腳本概念，各位會利用到以下的程式積木來堆疊程式。

✓ 事件：當綠旗被點擊

✓ 外觀：圖像效果「顏色」改變＿

✓ 控制：等待＿秒

✓ 控制：重複無限次

1

②切換到「程式」標籤的「外觀」類別

④下拉選擇「顏色」，並設定改變的數值

③將此程式積木拖曳到腳本區中

①點選舞台區

2

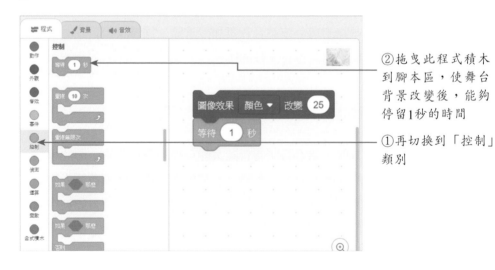

②拖曳此程式積木到腳本區，使舞台背景改變後，能夠停留1秒的時間

①再切換到「控制」類別

3

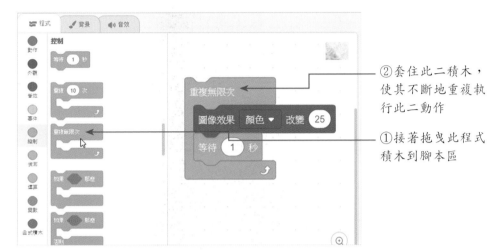

②套住此二積木，使其不斷地重複執行此二動作

①接著拖曳此程式積木到腳本區

4

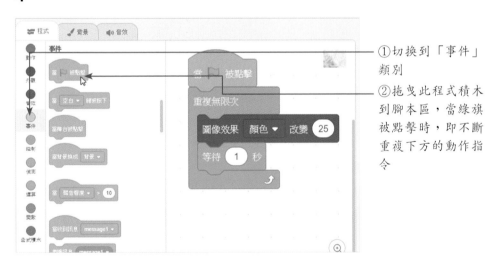

①切換到「事件」類別

②拖曳此程式積木到腳本區，當綠旗被點擊時，即不斷重複下方的動作指令

5

按下綠旗觀看背景
設定的結果

3-4 圖案的放大縮小

　　要讓角色能夠變大或變小，「外觀」類別中的「尺寸設定為＿%」就可以派上用場。通常原尺寸設為100%，若要縮小，可將數值設定為小於100；若要放大，則將數值設定為大於100即可，而比例的多寡可根據畫面的需求來做調整。

　　當圖形分別做5次的縮小（90%）及放大（110%）後，就讓此畫面不斷的重複執行。而執行此動作前仍然要加入「事件」中的「當綠旗被點擊」，這樣當按下綠旗時才會顯示縮放的效果。

1

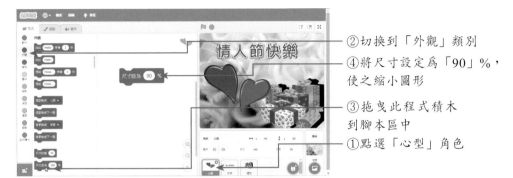

②切換到「外觀」類別

④將尺寸設定為「90」%，
使之縮小圖形

③拖曳此程式積木
到腳本區中

①點選「心型」角色

2

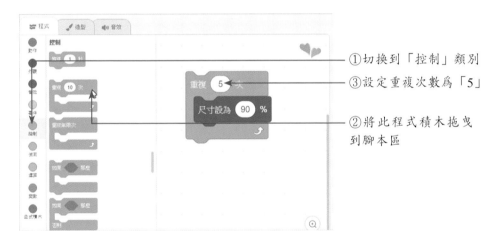

①切換到「控制」類別

③設定重複次數為「5」

②將此程式積木拖曳
到腳本區

3

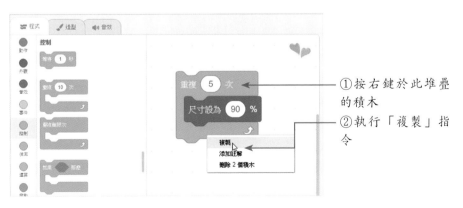

①按右鍵於此堆疊
的積木

②執行「複製」指
令

4

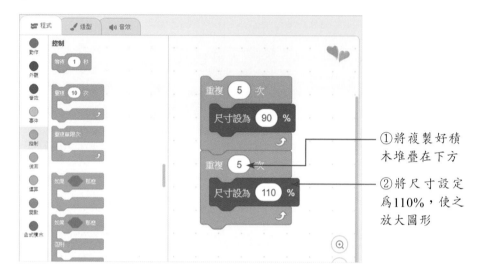

①將複製好積木堆疊在下方

②將尺寸設定為110%，使之放大圖形

5

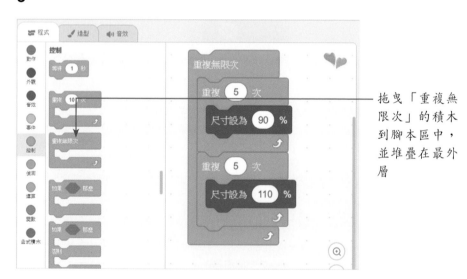

拖曳「重複無限次」的積木到腳本區中，並堆疊在最外層

6

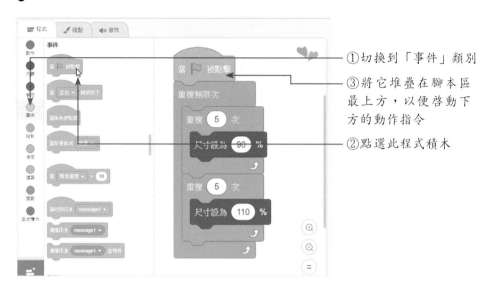

①切換到「事件」類別

③將它堆疊在腳本區最上方，以便啟動下方的動作指令

②點選此程式積木

特別注意的是，「重複5次」、「將尺寸設定為90%」，是指5次都是將原有100%的圖形縮小成90%，所以當重複的次數越多，就可看到它縮放的速度會變慢，各位可以嘗試看看。

3-5 文字的平移與反彈

要讓「情人節快樂」等文字能夠左右的平行移動位置，當遇到舞台邊界就反彈往另一方向繼續平移，那麼會運用到以下的程式積木。

✓ 動作：移動__點
✓ 動作：碰到邊緣就反彈

另外，「事件」類別中的「當綠旗被點擊」，以及「控制」類別中的「重複無限次」也必須加入，這樣當綠旗被按下時，才會不斷地重複上面

設定的動作。

1

②切換到「動作」類別

④設定移動的數值為「2」點

③拖曳此程式積木到腳本區

①點選「情人節快樂」的角色

2

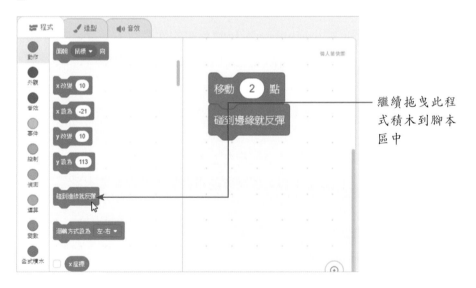

繼續拖曳此程式積木到腳本區中

3

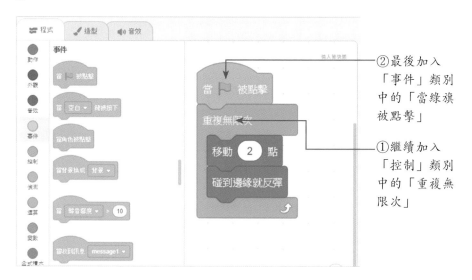

②最後加入「事件」類別中的「當綠旗被點擊」

①繼續加入「控制」類別中的「重複無限次」

CHAPTER

3

4

按下綠旗觀看完成的結果，可看到當文字往左移到邊界時，就會自動往右移動

※補充說明※

如果各位發現「情人節快樂」的角色移到邊界反彈時文字會翻轉方向，可加入「動作」類別中的「迴轉方式設為＿＿」的程式積木，並下拉選擇「不旋轉」的選項。如圖示：

3-6 背景音樂的加入與播放

祝賀卡片中若少了背景音樂做陪襯，似乎顯得單調些，因此我們要利用「音效」標籤，從音效庫中選擇適合的聲音，然後透過「聲音」類別的動作指令來控制聲音的播放。

1

①切換到「音效」
標籤

②按下此鈕，從音
效庫中選擇音樂

CHAPTER

3

2

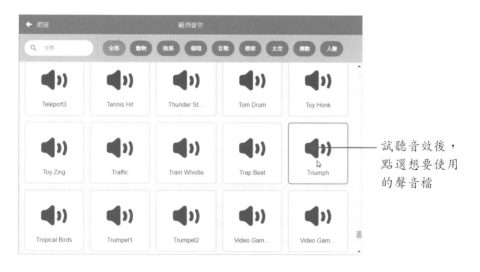

試聽音效後，
點選想要使用
的聲音檔

3

顯示剛加入的
背景音樂

4

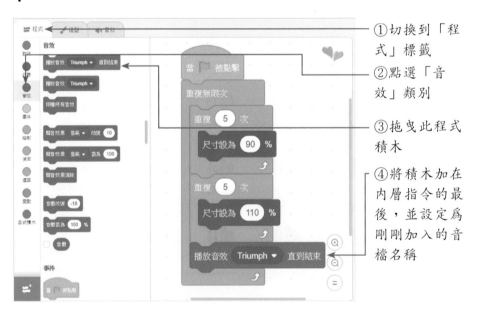

①切換到「程
式」標籤

②點選「音
效」類別

③拖曳此程式
積木

④將積木加在
內層指令的最
後，並設定為
剛剛加入的音
檔名稱

如此一來情人節卡片設定完成，按 🚩 鈕即可播放效果。

第四章

超萌寶寶的魔法變裝秀

4-1 腳本規劃與說明

　　這個範例是表現當爸媽不在家時，小寶寶獨自在玩耍間中，將心裡想的內容以及所說出來的話，配合多個背景的穿插與多個角色造型的變換，讓動畫故事變得生動而活潑。

　　此範例學習的程式重點主要集中在「動作」與「外觀」兩個類別，而相關的程式積木包含如下：

✓動作	X設爲＿＿、y設爲＿＿、滑行＿秒到x:＿y:＿
✓外觀	背景換成＿＿、造型換成＿＿、想著＿持續＿秒、說出＿持續＿秒

　　除此之外，如何將背景圖存檔到電腦並加工處理，以及造型中心點的設定，我們也會一併做說明。

4-2 編排角色與背景

　　在版面編排方面，首先將角色及其相關的造型插入到角色區中備用。背景舞台方面，此次將套用背景範例庫中的背景圖案，同時轉存到個人電腦上做加工處理後，再插入到Scratch中使用。

4-2-1 新增角色至舞台區

　　點選「檔案／新建專案」指令開啓新檔案後，請依下面步驟新增角色及其造型。

CHAPTER

4

1

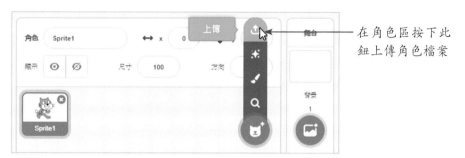

在角色區按下此
鈕上傳角色檔案

2

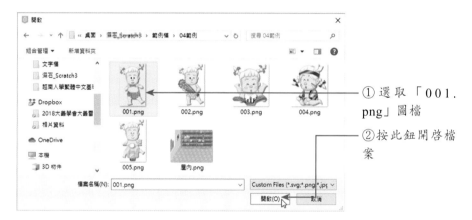

① 選取「001.
png」圖檔

② 按此鈕開啟檔
案

3

② 點選「001」
角色後，切換到
「造型」標籤

③ 按下此鈕上傳
造型檔案

① 角色區中按右鍵
於「Sprite1」，使
刪除多餘的角色

4

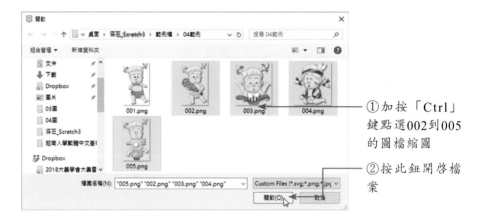

① 加按「Ctrl」
鍵點選002到005
的圖檔縮圖

② 按此鈕開啟檔
案

5

造型依照數字順
序排列如圖

4-2-2 由背景範例庫選擇舞台背景

在此範例中，我們直接由舞台區中新增適用的舞台背景。

1

①切換到背景

②按此鈕選擇背景

2

點選舞台背景
「Room 1」，使之
加入

3

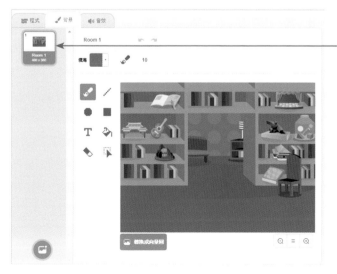

顯示加入的背景舞
台，同時將多餘的
空白舞台刪除

4-2-3 舞台背景轉存到電腦

　　確定要使用的舞台背景後，接下來要將該圖片轉存到電腦中，以便利用其他的繪圖軟體來加工處理。

1

按右鍵點選縮圖，執行「匯出」指令

2

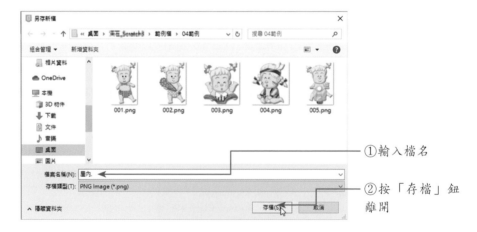

①輸入檔名

②按「存檔」鈕離開

4-2-4 以繪圖軟體加工舞台背景

將背景舞台匯出後,現在將利用繪圖軟體來加工背景,使背景能夠符合設計的腳本。此處筆者以PhotoImpact X3做說明,告訴各位如何將找到的圖形做去背景處理,使之完美地與舞台背景相結合,而不會在圖形邊緣出現白色的邊線。

1

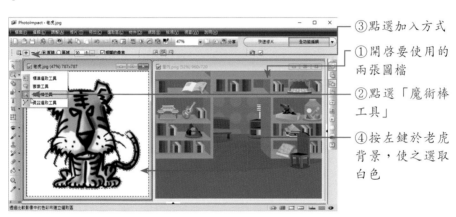

③點選加入方式

①開啟要使用的兩張圖檔

②點選「魔術棒工具」

④按左鍵於老虎背景,使之選取白色

2

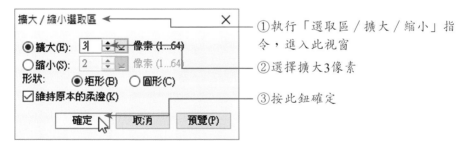

①執行「選取區 / 擴大 / 縮小」指令,進入此視窗

②選擇擴大3像素

③按此鈕確定

3

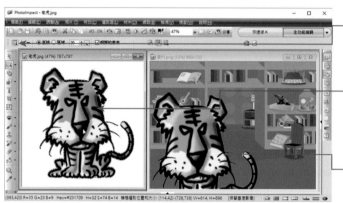

②在「魔術棒工具」的屬性列上點選此鈕

①執行「選取區／改選未選取部分」指令，將選取區變成改選老虎

③將老虎拖曳到背景舞台中

4

①點選「變形工具」

②拖曳控制點可縮小老虎比例

③執行「網路／影像最佳化程式」指令

5

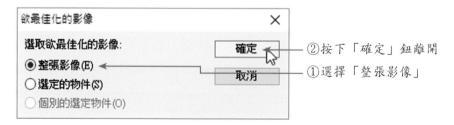

②按下「確定」鈕離開

①選擇「整張影像」

6

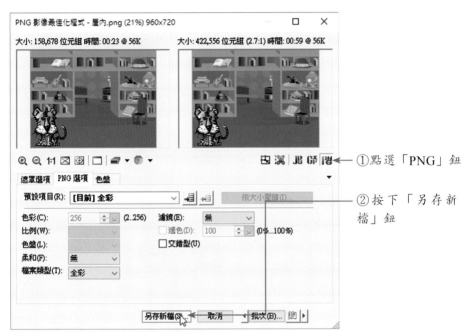

①點選「PNG」鈕

②按下「另存新檔」鈕

7

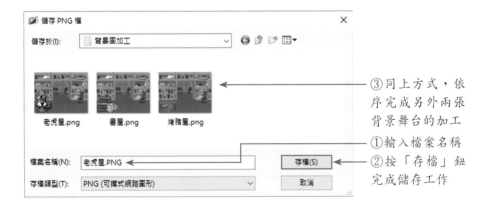

③同上方式，依序完成另外兩張背景舞台的加工

①輸入檔案名稱

②按「存檔」鈕完成儲存工作

4-2-5 插入多個舞台背景

依序完成「老虎屋」、「書屋」、「烤豬屋」等背景舞台的加工後，現在要將這些畫面再上傳到Scratch中。另外還有一張戶外的場景，我們將使用背景範例庫中的「urban」背景圖。

1

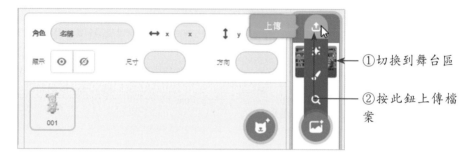

①切換到舞台區

②按此鈕上傳檔案

2

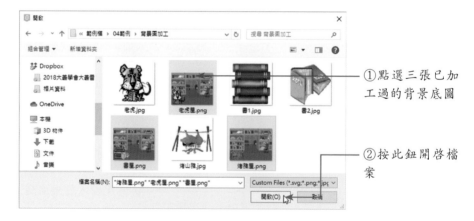

①點選三張已加工過的背景底圖

②按此鈕開啓檔案

3

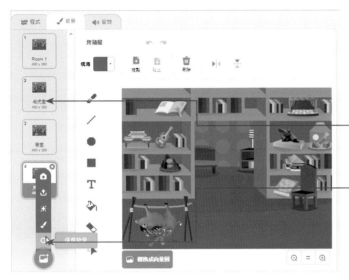

①已加工的背景圖顯示在「背景」標籤中

②按此鈕繼續加入其他背景

4

選取背景圖「Urban」使之加入

5

　　　　　　　　　　　　　　　　　　　　　　　　　顯示所有加入的
　　　　　　　　　　　　　　　　　　　　　　　　　背景畫面

4-3 以程式積木串接動畫故事

　　當所有的舞台背景與造型都就定位後，現在開始要透過程式積木的堆疊來完成此動畫故事，而故事內容說明如下：

故事畫面	故事腳本說明
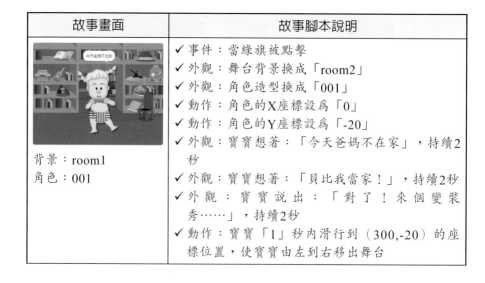 背景：room1 角色：001	✓ 事件：當綠旗被點擊 ✓ 外觀：舞台背景換成「room2」 ✓ 外觀：角色造型換成「001」 ✓ 動作：角色的X座標設為「0」 ✓ 動作：角色的Y座標設為「-20」 ✓ 外觀：寶寶想著：「今天爸媽不在家」，持續2秒 ✓ 外觀：寶寶想著：「貝比我當家！」，持續2秒 ✓ 外觀：寶寶說出：「對了！來個變裝秀……」，持續2秒 ✓ 動作：寶寶「1」秒內滑行到（300,-20）的座標位置，使寶寶由左到右移出舞台

故事畫面	故事腳本說明
 背景：老虎屋 角色：002	✓ 外觀：角色造型換成「002」 ✓ 外觀：舞台背景換成「老虎屋」 ✓ 動作：寶寶「1」秒內滑行到（0,-20）的座標位置，使寶寶由右到左移入舞台 ✓ 外觀：寶寶說出：「我是武松，我要打老虎……」，持續4秒 ✓ 動作：寶寶「1」秒內滑行到（300,-20）的座標位置，使寶寶由左到右移出舞台
 背景：書屋 角色：003	✓ 外觀：角色造型換成「003」 ✓ 外觀：舞台背景換成「書屋」 ✓ 動作：寶寶「1」秒內滑行到（0,-20）的座標位置，使寶寶由右到左移入舞台 ✓ 外觀：寶寶說出：「我是資優生，我最喜歡看書研究新知識……」，持續4秒 ✓ 動作：寶寶「1」秒內滑行到（300,-20）的座標位置，使寶寶由左到右移出舞台
 背景：烤豬屋 角色：004	✓ 外觀：角色造型換成「004」 ✓ 外觀：舞台背景自動設為「烤豬屋」 ✓ 動作：寶寶「1」秒內滑行到（0,-20）的座標位置，使寶寶由右到左移入舞台 ✓ 外觀：寶寶說出：「我是部落長老，我會烤山豬肉」，持續4秒 ✓ 動作：寶寶「1」秒內滑行到（300,-20）的座標位置，使寶寶由左到右移出舞台
 背景：urban 角色：005	✓ 外觀：舞台背景自動設為「urban」 ✓ 外觀：角色造型換成「005」 ✓ 動作：角色的X座標設為「0」 ✓ 動作：角色的Y座標設為「-20」 ✓ 外觀：寶寶說出：「算了，我還是自己上街兜風去吧……」，持續2秒 ✓ 外觀：寶寶想著：「爸比媽咪一定覺得我很厲害……」，持續2秒

CHAPTER

4

為了方便觀看動畫設計的效果，我們可以依照腳本的先後順序，然後依序由所屬的程式類型中，將程式積木拖曳到腳本區內排列。

4-3-1 啓動程式事件

首先我們要利用「事件」類別來啓動程式，好讓綠旗被點擊時，可以播放此動畫故事。

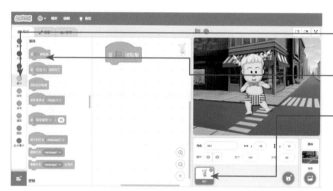

2.切換到「程式」標籤，點選「事件」類別

3.拖曳此程式積木到腳本區中

1.點選角色區的「001」角色

4-3-2 自動設定舞台背景與角色造型

由於此範例中有規劃多個舞台背景與角色造型，爲了讓動畫開始播放時，能夠呈現正確的造型與舞台背景，可透過「外觀」類別來控制。

1

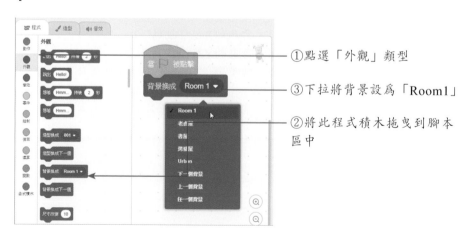

①點選「外觀」類型

③下拉將背景設爲「Room1」

②將此程式積木拖曳到腳本區中

2

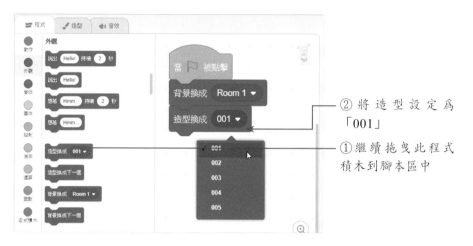

② 將造型設定爲
「001」

① 繼續拖曳此程式
積木到腳本區中

4-3-3 設定造型座標位置

　　爲了讓角色造型可以顯示在期望的位置上，可以透過「動作」類型來指定X座標與Y座標的位置。在Scratch中，原點（0,0）的座標是在舞台中央，往右／往上爲正數，往左／往下爲負數，各位可以依照畫面的需求來自行設定座標值。

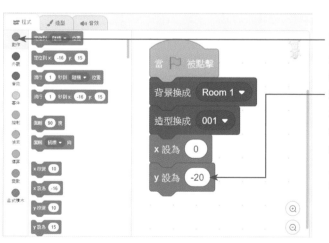

1.切換到「程式」標籤，並點選「動作」類別
2.拖曳此二程式積木到腳本區，並將X座標設爲「0」，Y座標設爲「-20」，使角色顯示在中間偏下的位置

4-3-4 加入圖說文字

　　圖說文字就是在圖框裡加入文字內容,用以表現角色造型想要說的文字或心中的想法。在Scratch的「外觀」類型裡有提供這樣的程式積木,只要將程式積木拖曳到腳本區中,再輸入想要說的話或心中的想法,然後設定圖說文字停留的時間就行了。

1

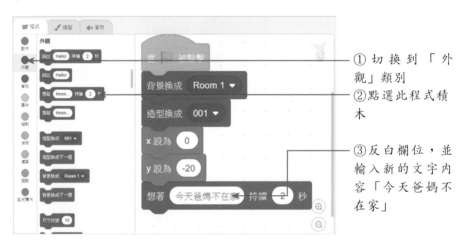

① 切換到「外觀」類別

②點選此程式積木

③反白欄位,並輸入新的文字內容「今天爸媽不在家」

2

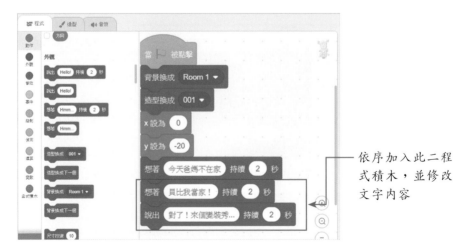

依序加入此二程式積木,並修改文字內容

4-3-5 設定角色滑行位置

　　當寶寶準備變裝時，此時要把寶寶由舞台中央移到舞台外，以便變換造型，而「動作」類型中的「滑行__秒到 x:__ y:__」就可以達到這個需求。

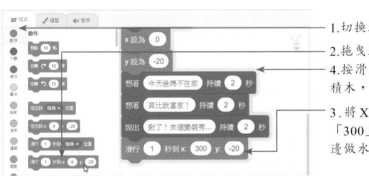

1.切換到「動作」類型

2.拖曳此程式積木到腳本區

4.按滑鼠兩下於堆疊的程式積木，即可預覽動畫效果

3.將 X 座標值設為「300」，使其往右邊做水平移動

4-3-6 變更造型／背景／圖說文字／位置

　　當寶寶離開舞台後，現在可以準備將造型變更爲「002」，背景設爲「老虎屋」，在1秒內移回舞台中（X:0,Y:-20），然後說出「我是武松，要來打老虎……」，最後再移出舞台外。依此腳本，請依序將程式積木拖曳到腳本區中，如下圖所示。

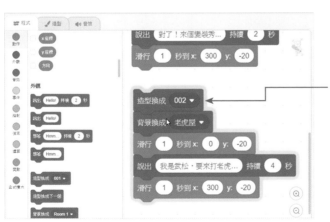

同上方式完成如圖的積木堆疊，按滑鼠一下可預覽此段的動畫效果

　　加入的程式積木確定無誤後，由於「書屋」與「烤豬屋」的動畫效果相同，因此可以透過右鍵的「複製」功能來複製積木，屆時再更換屬性內容即可。

1

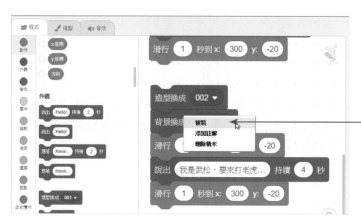

按右鍵於此區段
的程式積木，執
行「複製」指令

2

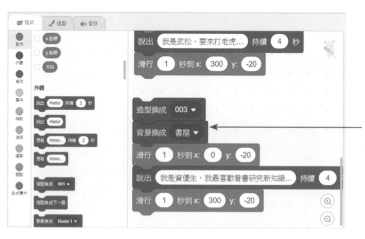

出現複製物時，
將它移到下方，
並修改屬性如圖

3

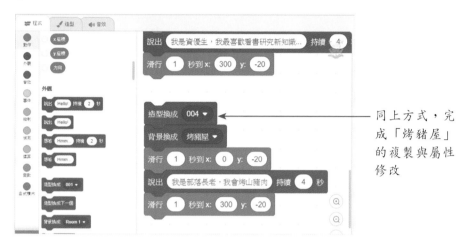

同上方式，完成「烤豬屋」的複製與屬性修改

完成烤豬屋的設定後，由於街景的程式積木與第一個場景雷同，所以一樣透過「複製」功能來處理。

1

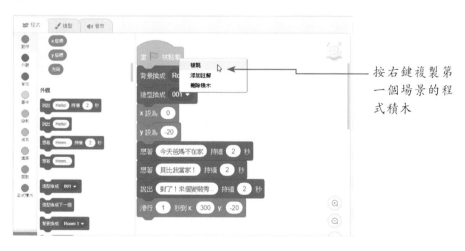

按右鍵複製第一個場景的程式積木

2

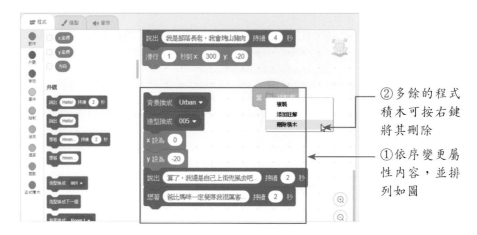

②多餘的程式
積木可按右鍵
將其刪除

①依序變更屬
性內容，並排
列如圖

　　最後再將各區段的程式積木串接在一起，便完成積木的堆疊，接著按
下綠旗鈕就可播放整個動畫故事了！

泰國旅遊的實境體驗

泰國旅遊
完美體驗

四面佛是印度神祇
乃創造宇宙之神

拜佛要雙掌合十
或跪或拜
許願 一定要還願

世界最大的戶外博物館
擁有全泰國最著名的建築
和紀念碑等縮小模型

古城建築代表泰國文化的象徵
興建得美侖美奐

曼谷臥佛寺是
泰國最古老佛寺之一

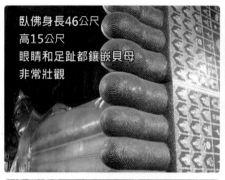

5-1 腳本規劃與說明

　　在前一個範例裡，主要針對單一角色（但是多造型）來做程式積木的堆疊，而此範例則是針對舞台背景來加入程式積木。利用背景及等待時間的設定，讓每個風景相片都可以依照設計者的需求作停頓。

　　至於文字部分，筆者事先利用繪圖軟體輸入文字，轉存成PNG的去背格式後，再以上傳角色檔案的方式加入到角色區。每個文字角色則是利用「顯示」、「隱藏」及「等待__秒」的程式積木來控制文字出現或隱藏的時機。另外，範例中還會加入背景音樂來做陪襯，讓整個動畫設計變得有聲有色。

　　在此先將動畫設計的腳本說明如下：

舞台背景／停留時間		對應的文字角色	文字角色的程式指令
紫色（背景音樂開始）	3秒	泰國旅遊完美體驗	✓ 事件：當綠旗被點擊 ✓ 外觀：顯示 ✓ 控制：等待3秒 ✓ 外觀：隱藏
四面佛1	3秒	四面佛是印度神祇 乃創造宇宙之神	✓ 事件：當綠旗被點擊 ✓ 外觀：隱藏 ✓ 控制：等待3秒 ✓ 外觀：顯示 ✓ 控制：等待3秒 ✓ 外觀：隱藏
四面佛2	3秒	拜佛要雙掌合十 或跪或拜 許願一定要還願	✓ 事件：當綠旗被點擊 ✓ 外觀：隱藏 ✓ 控制：等待6秒 ✓ 外觀：顯示 ✓ 控制：等待3秒 ✓ 外觀：隱藏
72府古蹟1	3秒	世界最大的戶外博物館 擁有全泰國最著名的建築 和紀念碑等縮小模型	✓ 事件：當綠旗被點擊 ✓ 外觀：隱藏 ✓ 控制：等待9秒 ✓ 外觀：顯示 ✓ 控制：等待3秒 ✓ 外觀：隱藏
72府古蹟2	3秒	古城建築代表泰國文化的象徵 興建得美侖美奐	✓ 事件：當綠旗被點擊 ✓ 外觀：隱藏 ✓ 控制：等待12秒 ✓ 外觀：顯示 ✓ 控制：等待3秒 ✓ 外觀：隱藏
臥佛寺1	3秒	曼谷臥佛寺是 泰國最古老佛寺之一	✓ 事件：當綠旗被點擊 ✓ 外觀：隱藏 ✓ 控制：等待15秒 ✓ 外觀：顯示 ✓ 控制：等待3秒 ✓ 外觀：隱藏

CHAPTER

5

舞台背景／停留時間		對應的文字角色	文字角色的程式指令
臥佛寺2	3秒	臥佛身長46公尺 高15公尺 眼睛和足趾都鑲嵌貝母 非常壯觀	✓ 事件：當綠旗被點擊 ✓ 外觀：隱藏 ✓ 控制：等待18秒 ✓ 外觀：顯示 ✓ 控制：等待3秒 ✓ 外觀：隱藏
三頭象神 博物館1	3秒	三頭象神博物館 世界最大的象神廟 莊嚴神聖讓人心境平和	✓ 事件：當綠旗被點擊 ✓ 外觀：隱藏 ✓ 控制：等待21秒 ✓ 外觀：顯示 ✓ 控制：等待3秒 ✓ 外觀：隱藏
三頭象神 博物館2	3秒	最底層是博物館氣勢驚人 令人嘆為觀止	✓ 事件：當綠旗被點擊 ✓ 外觀：隱藏 ✓ 控制：等待24秒 ✓ 外觀：顯示 ✓ 控制：等待3秒 ✓ 外觀：隱藏

　　由於筆者將每一張背景畫面設定停留三秒的時間，因此標題字「泰國旅遊完美體驗」等文字會在程式開始時就直接顯現出來，3秒一過則隱藏起來。而「四面佛是印度神祇，乃創造宇宙之神」等文字則是在程式開始時先隱藏3秒（因為標題文字正在顯現中），等該標題隱藏時，四面佛的文字才開始顯示3秒鐘然後再隱藏，以此類推。

5-2 舞台背景的加入與堆疊程式

　　對動畫設計的腳本有所了解後，接下來依序將相關的舞台背景加入到Scratch中。

5-2-1 新畫單色背景圖

由「檔案 / 新建專案」後，請依照下面步驟新畫一張紫色的背景。

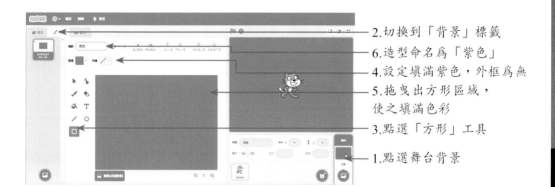

2.切換到「背景」標籤

6.造型命名爲「紫色」

4.設定填滿紫色，外框爲無

5.拖曳出方形區域，使之填滿色彩

3.點選「方形」工具

1.點選舞台背景

5-2-2 上傳背景檔案

完成第一張背景底圖後，接著依序將相關的泰國照片插入到紫色底圖之後。

1

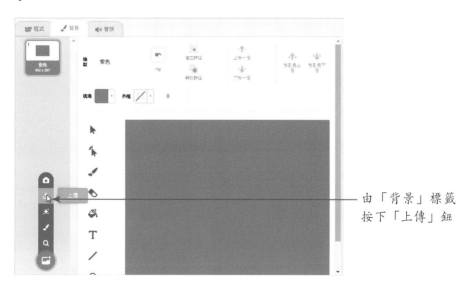

由「背景」標籤
按下「上傳」鈕

2

①點選此8張相片
②按此鈕開啓檔案

3

使用拖曳方式，
依序將圖片排列
爲四面佛、72府
古蹟、臥佛寺、
三頭象神博物館
等順序

5-2-3 堆疊背景舞台的程式積木

　　在背景舞台方面，當綠旗被點擊時，紫色背景會出現3秒，接著背景
會切換到下一個畫面，因此各位會運用到以下幾個程式積木：

✓事件：當綠旗被點擊

✓外觀：背景換成＿＿

✓外觀：場景換成下一個

✓控制：等待＿＿秒

以下是程式積木堆疊的方式：

1

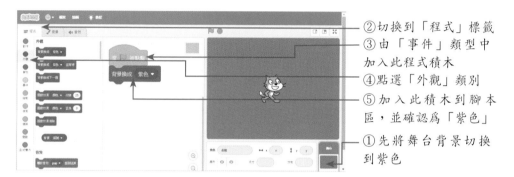

②切換到「程式」標籤

③由「事件」類型中加入此程式積木

④點選「外觀」類別

⑤加入此積木到腳本區，並確認為「紫色」

①先將舞台背景切換到紫色

2

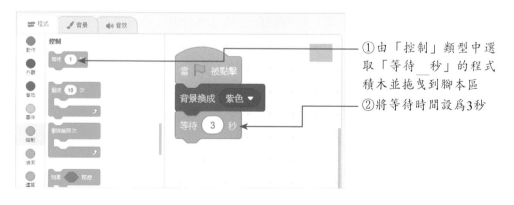

①由「控制」類型中選取「等待＿秒」的程式積木並拖曳到腳本區

②將等待時間設為3秒

CHAPTER 5

3

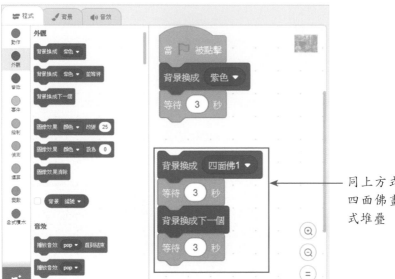

同上方式，完成
四面佛畫面的程
式堆疊

4

利用右鍵執行
「複製」指令，
再依序更換背景
舞台的名稱，最
後串接在一起，
就完成了背景舞
台的動作設定

　　將背景設定為特定名稱，可方便各位在編輯程式積木時，快速對應到指定的位置，如果沒有順序性的考量，那麼也可以直接選用「下一個背景」的程式積木就行了。

5-3 文字角色的加入與堆疊程式

　　舞台背景的程式積木堆疊完成後，接下來就是依序將文字角色上傳，並安排好放置的位置後，再依序於角色的腳本區中加入所屬的程式積木。至於要加入的程式內容，各位可參閱5-1的表格。

5-3-1 文字角色的加入與堆疊程式

➤ 紫色背景對應的文字角色

1

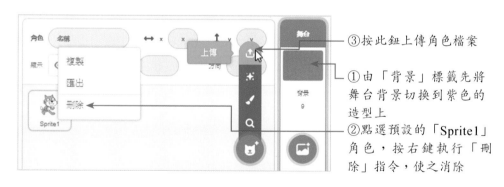

③按此鈕上傳角色檔案

①由「背景」標籤先將舞台背景切換到紫色的造型上

②點選預設的「Sprite1」角色，按右鍵執行「刪除」指令，使之消除

2

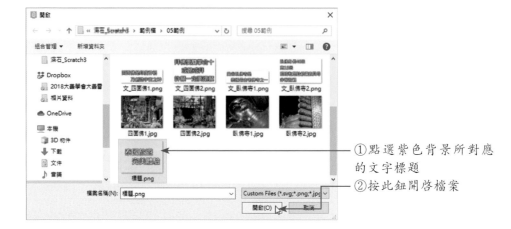

①點選紫色背景所對應
的文字標題
②按此鈕開啟檔案

3

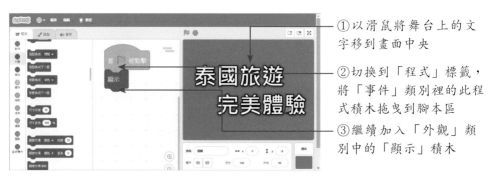

①以滑鼠將舞台上的文
字移到畫面中央

②切換到「程式」標籤，
將「事件」類別裡的此程
式積木拖曳到腳本區

③繼續加入「外觀」類
別中的「顯示」積木

4

②按下綠鈕執行程式，
即可看到設定結果

①繼續加入3秒的等待時
間，以及「外觀」類型
中的「隱藏」積木

CHAPTER

5

➢ 「四面佛1」對應的文字角色

　　當各位確定剛剛堆疊的程式積木無誤後，接下來將舞台背景切換到下一個畫面「四面佛1」，然後把對應的文字角色插入到舞台上。

1

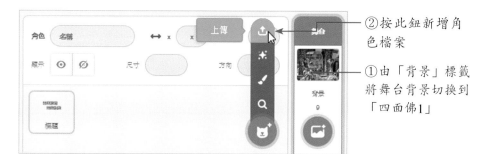

②按此鈕新增角色檔案

①由「背景」標籤將舞台背景切換到「四面佛1」

2

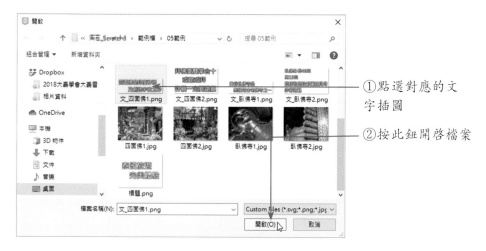

①點選對應的文字插圖

②按此鈕開啓檔案

3

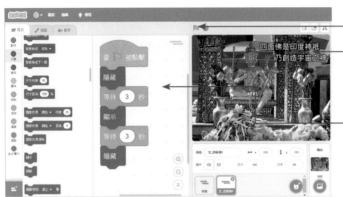

③按下綠旗觀看結果

①以滑鼠將文字移到
想要放置的位置上

②參閱5-1的表格，
加入所屬的程式積
木於腳本區中

5-3-2 複製程式至其他文字角色

　　從「四面佛1」到最後的「三頭象神博物館2」，事實上角色加入方式與程式內容幾乎雷同，因此加入文字角色並確定位置後，可利用拖曳的方式來複製程式積木，屆時再修改隱藏的時間即可。

1

③設定文字要放置的位置

①舞台背景設定在「四面佛2」

②同上方式加入對應的文字角色

2

②將其腳本區中堆疊的
程式積木拖曳到四面佛
2對應的文字角色中

①點選四面佛1對應的
文字角色

3

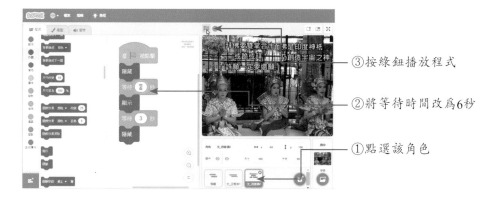

③按綠鈕播放程式

②將等待時間改為6秒

①點選該角色

確定執行效果無誤後，請依照同樣方式完成所有文字角色的設定。

三頭象神博物館2所對
應的等待時間為24秒

5-4 播放背景音樂

當動畫內容設定完成後，最後要加入背景音樂來做輔助，讓此作品變得更有聲有色。此處我們以上傳的範例檔「bgmusic.wav」作為示範。

1

②由此播放程式，讓畫面先停留在第一個畫面

③切換到「音效」標籤先將預設的音檔刪除

④按此鈕上傳聲音檔

①點選舞台背景

2

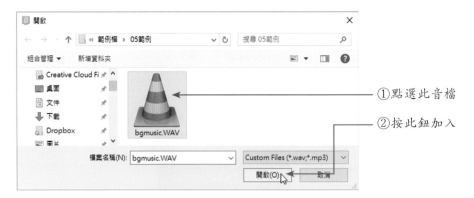

①點選此音檔

②按此鈕加入

聲音確定後，必須透過「播放聲音」的程式積木，才可在腳本中播放音樂。

CHAPTER

5

1

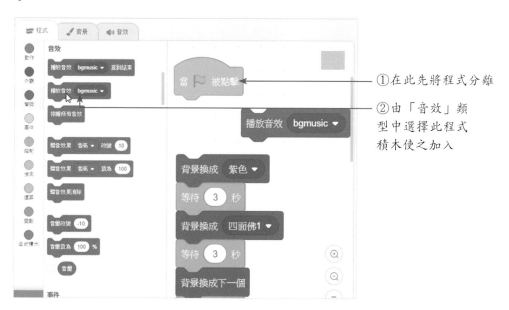

①在此先將程式分離

②由「音效」類型中選擇此程式積木使之加入

2

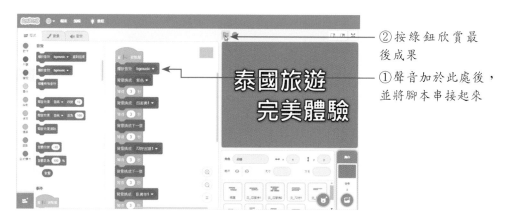

②按綠鈕欣賞最後成果

①聲音加於此處後，並將腳本串接起來

　　選定的音檔會比設定的畫面稍長一點點，若要讓畫面結束時音樂也跟著結束，可在加入積木最下方加入「停播所有音效」的積木即可。如圖示：

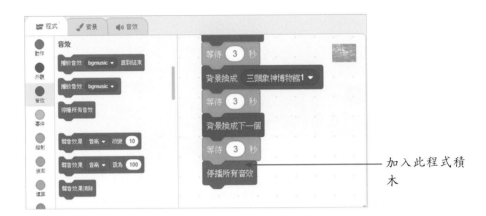

　　另外，你也可以透過「音效」標籤將聲音「快播」，也能讓背景音樂與畫面同時結束。

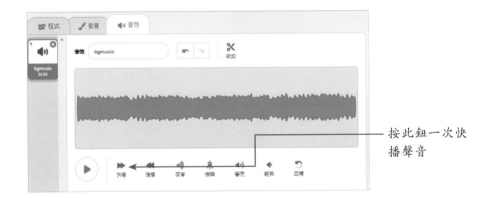

第六章

夢幻海底世界的私房創意

6-1 腳本規劃與說明

　　這個範例主要表現海底世界的景觀，讓魚兒能在舞台範圍內自由自在的游來游去。

　　在前面情人節賀卡的範例中，曾經介紹過「碰到邊緣就反彈」的程式積木，透過該積木確實可以讓魚兒永遠保留在舞台範圍內，不過若所有的魚兒都是水平移動，而且都是碰到舞台邊界才會迴轉，這樣看起來會比較

僵硬，因此這兒要跟各位介紹一些小技巧及兩種程式積木的用法，讓範例中的魚兒可以更具生命氣息。

6-2 舞台背景與角色的加入

　　首先從「背景範例庫」中選用適合的海底景觀，然後再將魚兒、水草、泡泡等素材上傳到舞台上做編排。

6-2-1 選擇背景底圖

　　請執行「檔案 / 新建專案」指令開啓空白專案，然後依照下面步驟完成舞台背景的設定。

1

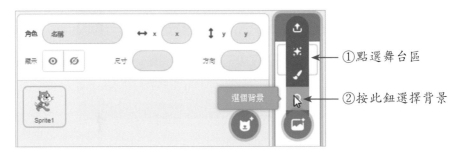

①點選舞台區

②按此鈕選擇背景

2

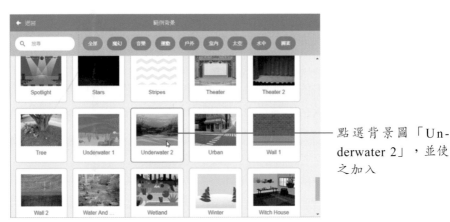

點選背景圖「Underwater 2」，並使之加入

CHAPTER

6

3

完成舞台背景
的設定

6-2-2 上傳角色檔案

請先按右鍵刪除角色區的預設角色「Sprite1」，然後透過「上傳」
鈕上傳所需的圖案造型。

1

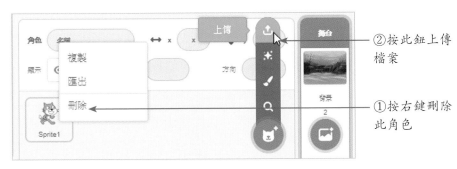

②按此鈕上傳
檔案

①按右鍵刪除
此角色

2

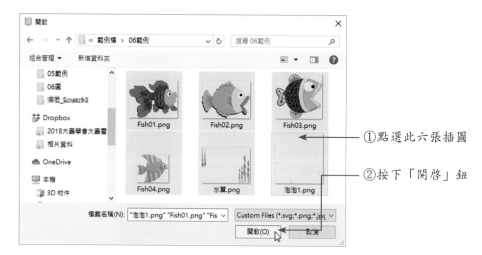

①點選此六張插圖

②按下「開啟」鈕

3

以滑鼠拖曳舞台
上的角色，並概
略排成如圖的畫
面效果

6-2-3 編修角色造型－製作魚群

當角色圖案上傳後，如果覺得有需要編修的地方，諸如：大小、複

製、變形、變動位置等，都可以直接在Scratch中做編修。範例中為了讓畫面更豐富些，這裡要將位在後面的「Fish04」做複製，然後縮小，為了顯現成魚群效果。

1

②切換到「造型」標籤

④按此鈕複製造型

③拖曳出要複製的區域範圍

①點選「Fish04」角色

2

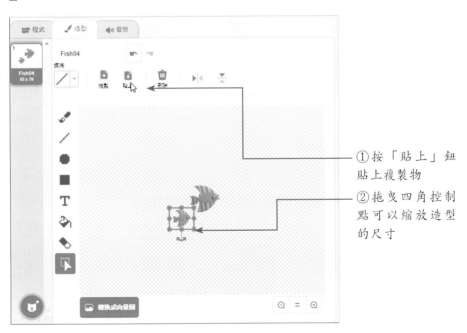

①按「貼上」鈕貼上複製物

②拖曳四角控制點可以縮放造型的尺寸

3

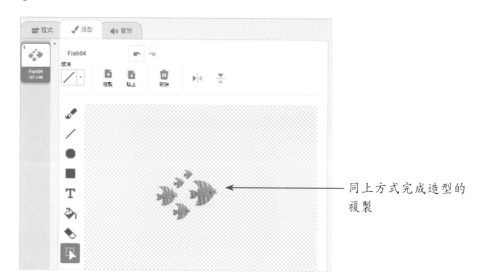

同上方式完成造型的
複製

6-3 魚兒游到邊緣就反轉回去

　　首先我們讓最後方的魚群可以左右移動，讓牠們一碰到舞台邊緣就反
彈回去。當然，一定要設定當綠旗被點擊後，可以不停地重複該移動的動
作。

6-3-1 設定魚群移動與碰到邊緣就反彈

1

②切換到程式標籤
的「動作」類型

③將此二程式積木
拖曳到腳本區中

①點選角色「Fish
04」

2

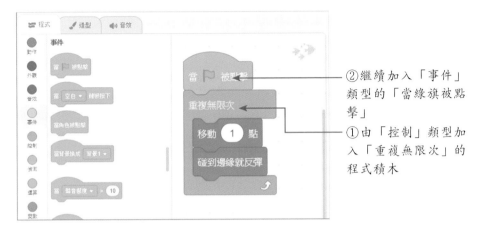

②繼續加入「事件」類型的「當綠旗被點擊」

①由「控制」類型加入「重複無限次」的程式積木

設定完成後，按綠旗觀看動畫效果，就可以看到魚群遇到舞台邊界時就會立即返轉回去，如圖示：

6-3-2 設定角色旋轉方向

眼尖的讀者可能會發現，上圖中的魚群遇到舞台邊界迴轉時，出現了魚群呈現上下顛倒的模樣，這時候可以利用「動作」類型中的「旋轉方式設定為左－右」的程式積木來讓魚兒左右來回的迴轉，只要將此積木加至「碰到邊緣就反彈」的下方就可搞定。

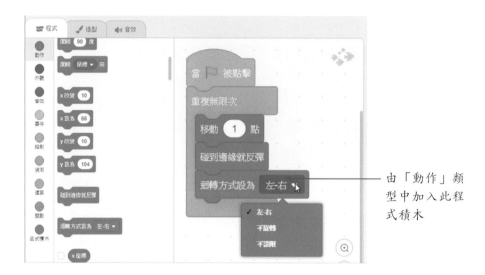

由「動作」類型中加入此程式積木

6-3-3 複製積木到其他角色

　　確認魚群左右來回移動後，現在準備將堆疊的程式積木複製到「Fish01」到「Fish03」的角色當中，而「Fish01」的移動改設為「2」點，免得所有魚的移動速度看起來一模一樣。

1

②點選堆疊的程式積木不放

③將它拖曳到「Fish01」的角色中

①點選角色「Fish04」

2

③將移動改爲「2」點

②切換到「Fish01」角色

①同上方式將複製好的程式積木拖曳到「Fish02」和「Fish03」角色中

當綠旗被點擊時，各位看到所有魚兒來回移動，不過有點機械化，因此接下來還要透過兩種程式積木讓魚兒變得有生命力些。

6-4 魚兒碰到水草就右轉180度

這裡我們要來設定「Fish01」的角色。除了原有的左右移動及碰到邊緣就反彈的效果外，我們要讓牠遇到水草的角色時就自動旋轉180度。此處將用到如下的程式類型與程式積木：

類型	程式積木	說明
控制	如果 那麼	如果__那麼執行內層的指令積木。而六邊形的框中必須嵌入偵測的內容或運算結果，而其程式積木也必須是六邊形的造型。
偵測	碰到 鼠標 ▾ ？	程式在作偵測時，如果發現碰到特定的角色。
動作	右轉 ↻ 15 度	將角色向右轉__度。

CHAPTER

6

　　這裡要設定的是，當綠旗被點擊時，如果「Fish01」的角色碰到「水草」的角色時，就向右旋轉180度，等待1秒後繼續重複此動作。設定方式如下：

1

②先加入「當綠旗被點擊」的程式積木

③由「控制」類型加入「如果＿那麼」的動作積木

①點選「Fish01」角色

2

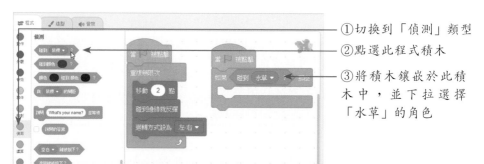

①切換到「偵測」類型

②點選此程式積木

③將積木鑲嵌於此積木中，並下拉選擇「水草」的角色

3

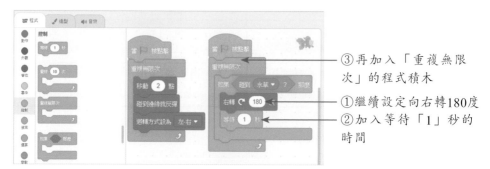

③再加入「重複無限次」的程式積木

①繼續設定向右轉180度

②加入等待「1」秒的時間

設定完成後，請將「Fish01」移到水草之間，按下綠旗即可看到魚兒只在水草間游動。

6-5 以隨機選數的方式設定魚兒迴轉

剛剛是利用「碰到」的程式積木，讓魚兒只在兩邊的水草間左右移動。而現在要告訴各位的是利用隨機選數的方式，此處將運用到「運算」中的兩個程式積木：

這裡要設定的是，如果在「1」到「10」間隨機選一個數，當隨機選到的數值等於「1」時，魚兒就向右旋轉180度，並等待一秒後，再重複

執行此動作。依此概念,現在先來為「Fish02」做設定:

1

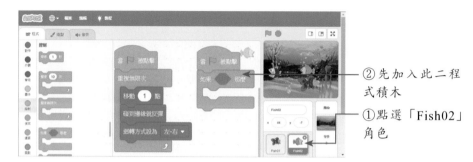

②先加入此二程式積木

①點選「Fish02」角色

2

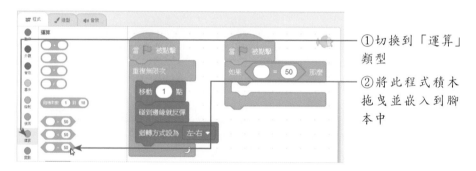

①切換到「運算」類型

②將此程式積木拖曳並嵌入到腳本中

3

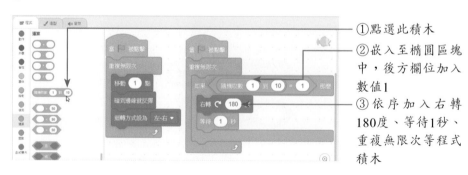

①點選此積木

②嵌入至橢圓區塊中,後方欄位加入數值1

③依序加入右轉180度、等待1秒、重複無限次等程式積木

當「Fish02」設定完成後，各位也複製該程式積木到「Fish03」的腳本中，再修改數值即可。

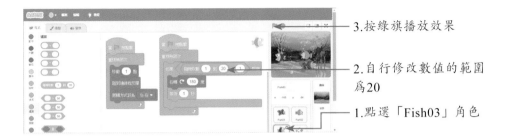

3.按綠旗播放效果

2.自行修改數值的範圍為20

1.點選「Fish03」角色

6-6 設定魚兒移動角度

由於目前的魚兒都是水平方向的移動，這兒要告訴各位另一個小技巧，能讓魚兒在移動時有一點傾斜，其設定方式如下：

3.由此調整角度（預設值為90或-90，調整角度不宜過大）

2.按下此鈕

1.點選「Fish01」角色

同上方式為「Fish02」和「Fish03」設定不同的移動角度，再按下綠旗看看它的效果如何。

6-7　夢幻泡泡由下往上飄動

將魚兒的設定完成後，最後是泡泡的移動。由於利用「動作」的「移動　點」程式積木無法做垂直方向的移動，因此筆者將運用「外觀」的「造型換成下一個」功能來處理，透過多個造型的變化來做出泡泡上移的效果。另外再利用「圖像效果　改變　」的程式積木，讓原本藍色的泡泡變化出多種色彩，設定方式如下：

6-7-1　設定多個泡泡造型

1

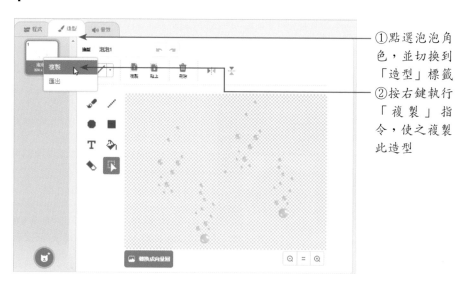

①點選泡泡角色，並切換到「造型」標籤

②按右鍵執行「複製」指令，使之複製此造型

2

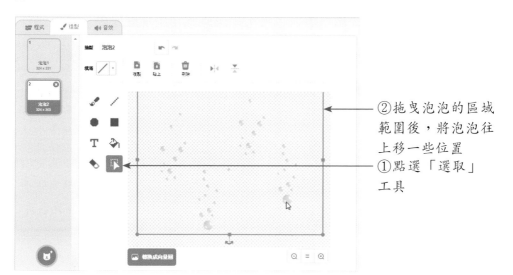

②拖曳泡泡的區域
範圍後，將泡泡往
上移一些位置
①點選「選取」
工具

3

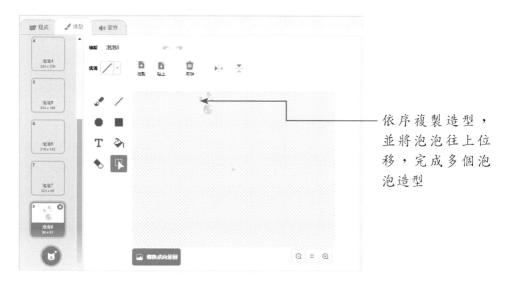

依序複製造型，
並將泡泡往上位
移，完成多個泡
泡造型

6-7-2 設定泡泡的動作積木

　　完成泡泡的多個造型後，接下來將程式積木堆疊成如下的排列方式，就可以看到夢幻泡泡的效果了！

3.按綠旗播放動畫效果

2.在「程式」標籤中加入如圖的程式積木

1.點選泡泡角色

第七章

幼兒字卡練習器

7-1 腳本規劃與說明

　　Scratch程式除了可以設計連續性的動畫效果外,也可以透過按鈕的控制,讓畫面前往指定的位置。例如「幼兒字卡學習」的範例,就是透過「下一頁」或「回首頁」兩個按鈕來控制舞台背景的顯現。另外,如想做出簡單的換頁效果,Scratch也可以做到喔!我們將告訴各位如何利用「圖像效果__改變__」的程式積木來達到此目的。

7-2 上傳背景圖片與按鈕角色

　　首先請將需要的字卡畫面與按鈕圖案上傳到Scratch角色區。

➢ 由舞台背景加入字卡畫面

1

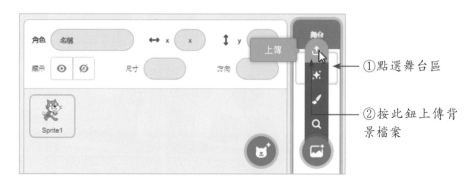

①點選舞台區

②按此鈕上傳背景檔案

2

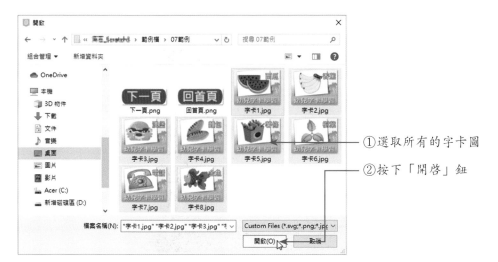

①選取所有的字卡圖

②按下「開啟」鈕

3

插入後，請在
「背景」標籤中
依序排列圖卡順
序，並將多餘的
空白背景刪除

➤ 將按鈕插入角色區

　　確定舞台背景的先後順序後，接著將所需的「下一頁」按鈕與「回首頁」按鈕上傳到角色區裡，並將多餘的「Sprite1」角色刪除。

1

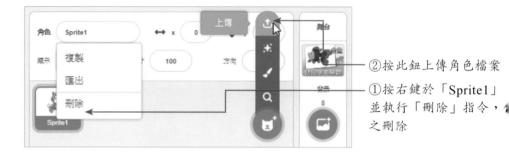

②按此鈕上傳角色檔案

①按右鍵於「Sprite1」並執行「刪除」指令，之刪除

2

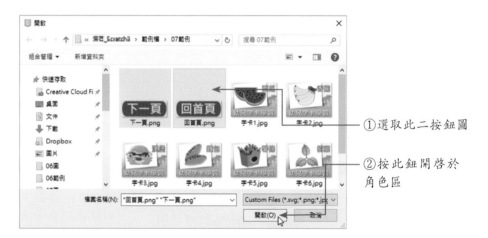

①選取此二按鈕圖

②按此鈕開啟於角色區

3

在舞台上將按鈕編排於左右兩邊，如圖所示

7-3 事件的廣播與執行

　　版面配置完成後，接下來要利用程式積木來串接畫面。這裡將會利用到「事件」類型中的幾個程式積木：

程式積木	說明
當角色被點擊	當角色被點擊後，就開始依序執行下方的每個程式積木。此範例中將運用在「回首頁」及「下一頁」的按鈕圖上。
廣播訊息 message1 ▾	此積木的作用是將訊息傳送給所有的角色及舞台，讓角色或舞台接收到訊息時，就開始執行程式中的動作指令。
當收到訊息 message1 ▾	當接收到廣播訊息，就開始執行下方的每一個程式積木。

7-3-1 按鈕設定

　　首先來為「回首頁」及「下一頁」兩個按鈕做設定，讓此二角色被點擊時可以執行廣播的動作。

➢ 回首頁

1

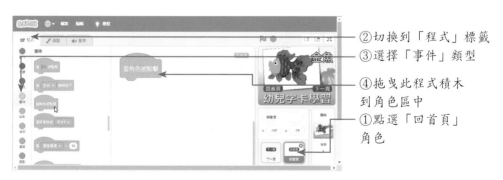

②切換到「程式」標籤

③選擇「事件」類型

④拖曳此程式積木到角色區中

①點選「回首頁」角色

2

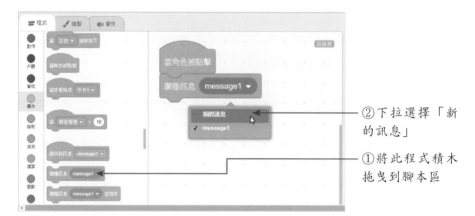

②下拉選擇「新的訊息」

①將此程式積木拖曳到腳本區

3

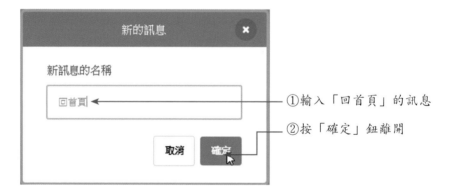

①輸入「回首頁」的訊息

②按「確定」鈕離開

4

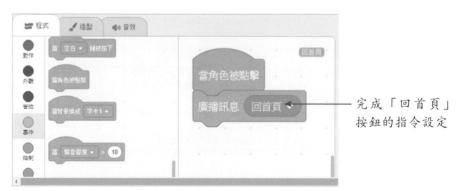

完成「回首頁」按鈕的指令設定

➢ 下一頁

接下來請以同樣方式為「下一頁」鈕進行程式積木的堆疊。

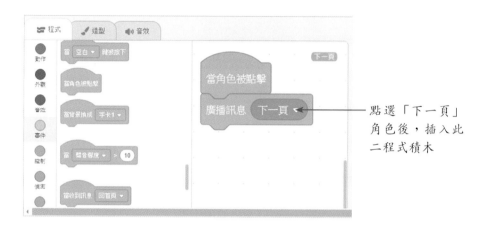

點選「下一頁」
角色後，插入此
二程式積木

7-3-2 字卡設定

字卡部分已經依序排列在舞台上，現在只要設定當綠旗被點擊時，背景自動切換到「字卡1」的畫面；當接收到「下一頁」的訊息時，就自動跳到下一個背景畫面；若接收到「回首頁」的訊息時，則將背景舞台設回「字卡1」。依此概念，現在開始來堆疊背景部分的程式積木：

1

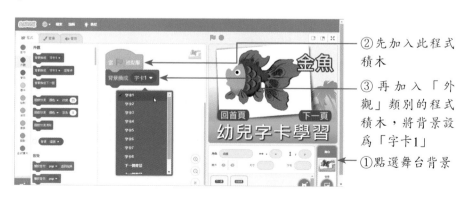

②先加入此程式
積木

③再加入「外
觀」類別的程式
積木，將背景設
為「字卡1」

①點選舞台背景

2

由「事件」及「外觀」類型中加入此二程式積木，使接收到「下一頁」的訊息時，舞台切換到下一個背景（字卡）

3

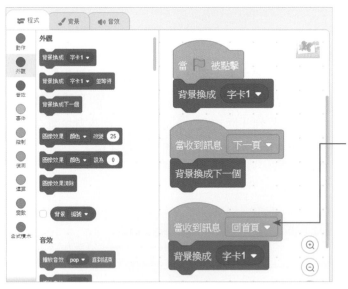

同上方式加入此二程式積木，使接收到「回首頁」的訊息時，舞台切換到字卡

完成如上的積木堆疊後，按綠旗觀看結果，只要按下舞台上的「下一頁」或「回首頁」按鈕，就可以自由的切換字卡了。

7-4 以「特效改變」製作換頁效果

想要讓字卡切換時能如同簡報軟體一樣做出換頁的效果，那麼可以試試「外觀」類型中的「圖像效果＿改變＿」。此程式積木在第六章時有介紹它的「顏色」特效，顏色特效可以讓海底的泡泡做出色彩的變化，而這裡要跟各位介紹其他幾種的用法：

名稱	說明
顏色	做出色相的改變
魚眼	做出如魚眼由水中看水面的效果，畫面中間會向外凸出，以營造誇張變形的透視感。
漩渦	做出向右旋轉，有如漩渦般的效果。
像素化	做出顆粒變粗大的效果。
馬賽克	做出四方連續的拼貼圖案。
亮度	做出畫面越來越亮，直到變白的效果。
幻影	做出畫面漸漸淡化出去的效果。

特效中的像素化、馬賽克、亮度、幻影等效果都還不錯，各位可以自行嘗試看看。這兒則以「幻影」與「馬賽克」效果跟各位做說明。要注意的是，由於加入特效後畫面會變形，所以必須要再以相反方式給調正回來喔！

1

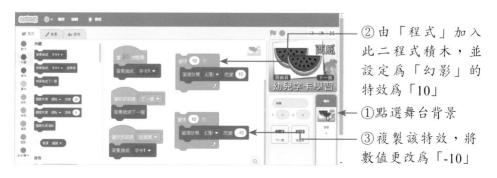

②由「程式」加入此二程式積木，並設定為「幻影」的特效為「10」

①點選舞台背景

③複製該特效，將數值更改為「-10」

CHAPTER

7

2

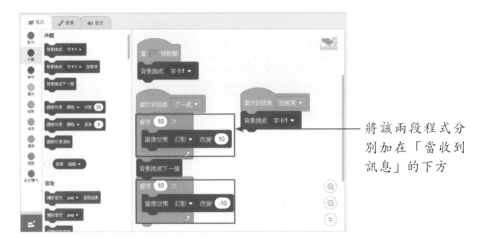

將該兩段程式分別加在「當收到訊息」的下方

3

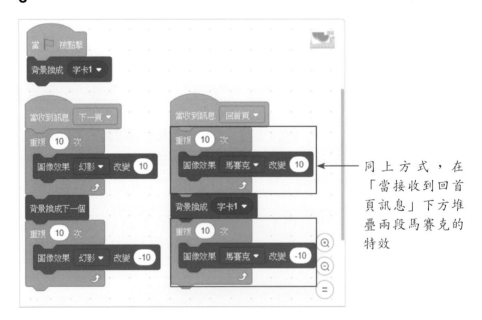

同上方式，在「當接收到回首頁訊息」下方堆疊兩段馬賽克的特效

　　換片效果即設定完成，可按下綠旗看看畫面效果。

CHAPTER

7

1

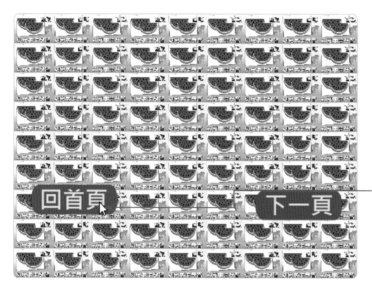

若按下「回首頁」鈕，則會顯示如圖的馬賽克拼貼效果

2

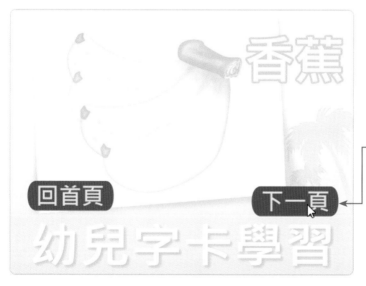

若按「下一頁」鈕則現有畫面會漸漸淡出，下一張字卡會漸漸淡入

百變髮型設計懶人包

8-1 腳本規劃與說明

　　這個範例是以髮型設計爲主題，透過圓臉、方臉、瓜子臉的不同，來看看不同髮型所顯現的變化。在構想上，瀏覽者只要點選左下方的模特兒，即可切換臉型，而點選上方或右側的髮型，該髮型就會立即套用到模特兒身上。

8-2 上傳背景圖片與角色圖案

　　首先請將所需的舞台背景、模特兒及髮型上傳到Scratch角色區。

8-2-1 上傳背景舞台

1

①點選舞台區

②按此鈕上傳
背景檔案

CHAPTER 8

2

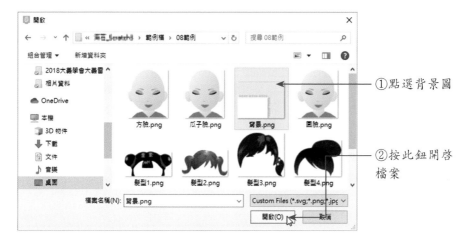

①點選背景圖

②按此鈕開啟
檔案

3

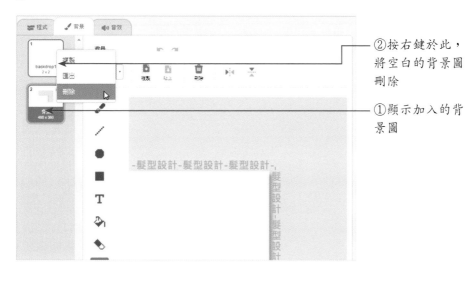

②按右鍵於此，
將空白的背景圖
刪除

①顯示加入的背
景圖

CHAPTER

8

8-2-2 上傳模特兒及髮型

1

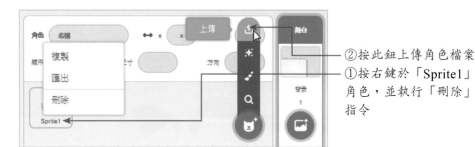

②按此鈕上傳角色檔案

①按右鍵於「Sprite1」
角色，並執行「刪除」
指令

2

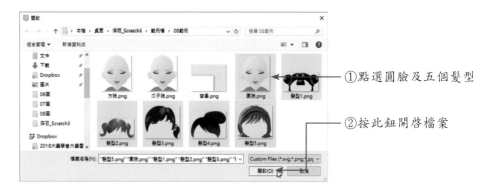

①點選圓臉及五個髮型

②按此鈕開啓檔案

3

依序以滑鼠將舞台上
的角色拖曳到如圖的
排列位置

8-2-3 上傳模特兒造型

　　模特兒的臉形變化，我們將設定於「造型」標籤中，以便透過「下一個造型」的程式積木來控制。

1

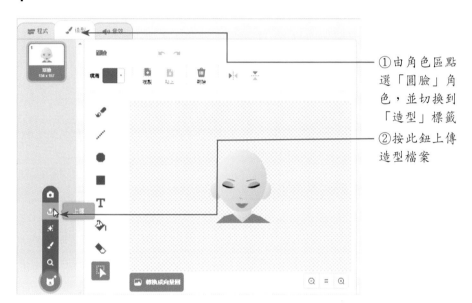

①由角色區點選「圓臉」角色，並切換到「造型」標籤

②按此鈕上傳造型檔案

2

①點選方臉與瓜子臉的圖檔

②按此鈕開啟檔案

3

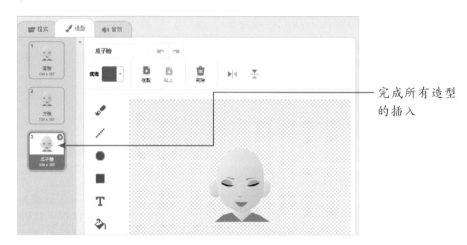

完成所有造型
的插入

8-3 髮型角色的設定

當所有的版面編排都就定位後，接下來要開始做程式積木的堆疊。

在髮型部分，筆者希望在綠旗按下時，五個髮型都可以回到原先編排的位置上，以方便瀏覽者觀看。當任一個髮型角色被點選時，能夠自動將該髮型移到模特兒的頭上，如果其他的髮型被點選時，則模特兒頂上的髮型則自動回到原先的位置，以方便新髮型的呈現。

依此概念，各位將學到以下幾個新的程式積木：

程式類型	程式積木	說明
動作	定位到 x: -92 y: -86	將角色定位到指定的座標位置。
動作	滑行 1 秒到 x: 0 y: 0	將角色以滑行方式，在指定秒數內移到指定的座標位置。

CHAPTER

8

程式類型	程式積木	說明
控制	等待直到 ◯	等待條件的成立。當條件成立時，就執行下一行的指令動作，欄位中必須嵌入六邊形形狀的程式積木。
偵測	滑鼠鍵被按下？	偵測滑鼠是否被按下，如果按下就傳回「真」值給程式。

8-3-1 綠旗點擊時髮型移到指定位置

首先來設定當綠旗被點擊時，髮型角色都移到所設定的版面位置上。各位可能會有疑慮，如何知道每個髮型的精確座標？事實上可以由角色區得知：

2.由角色區可以看到角色的精確座標

1.點選角色

當各位將角色放到舞台上時，角色區的資訊就會自動顯示它的座標訊息，此時若將與座標有關的程式積木拖曳到腳本區時，並不需要特別設定即可顯示它的座標。以「髮型1」為例，現在請各位設定當綠旗被點擊時，髮型1會自動定位到目前設定的位置上：

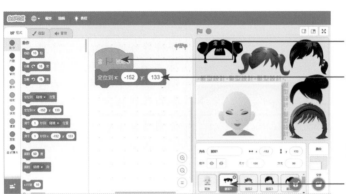

2.由「事件」類型加入此程式指令

3.切換到「動作」類型，拖曳此程式積木到腳本區，此時欄位中會自動顯示目前的X和Y座標數值，不用做修改

1.點選「髮型1」角色

同上方式，依序完成其他四個髮型的設定。

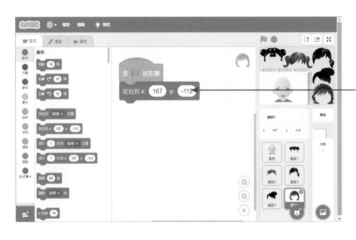

髮型2、髮型3、髮型4、髮型5皆加入此二程式積木

8-3-2 髮型點擊時滑行到模特兒頭頂上

　　接下來要設定的是當髮型角色被點選時，讓髮型在一秒內滑行到模特兒頭頂上，其設定方式如下：

1

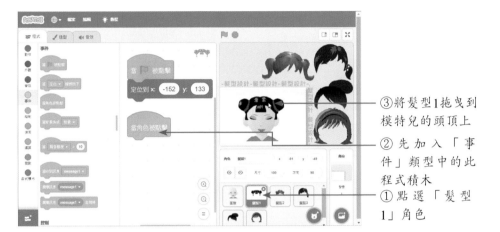

③將髮型1拖曳到模特兒的頭頂上

②先加入「事件」類型中的此程式積木

①點選「髮型1」角色

2

①切換到「動作」類型

②拖曳此程式積木到腳本區

③此時自動顯示正確的座標

CHAPTER

8

3

①設定完成按下
綠旗觀看效果

②點選髮型1後，
就自動顯示在此
位置上

8-3-3 等待滑鼠點擊時移回原位

　　各位可以想像，若髮型2到髮型5被點選時，如果模特兒頭上的髮型不被預先移走，就很難觀看新髮型套用後的效果。因此必須想辦法讓滑鼠被點選時，頭頂上原有的髮型回歸原來的位置才行。故我們將延續上面的畫面繼續設定：

1

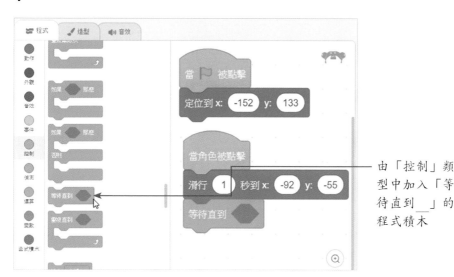

由「控制」類型中加入「等待直到 __」的程式積木

2

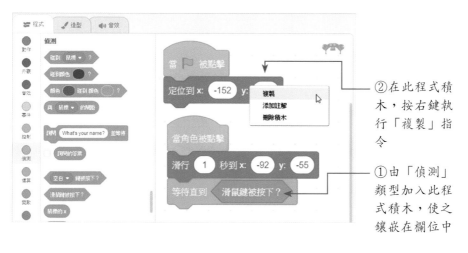

②在此程式積木，按右鍵執行「複製」指令

①由「偵測」類型加入此程式積木，使之鑲嵌在欄位中

3

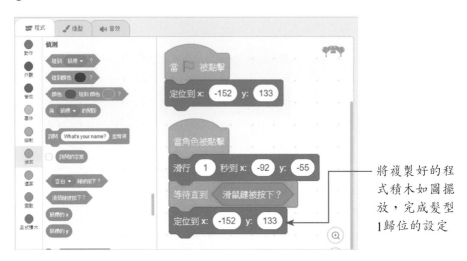

將複製好的程
式積木如圖擺
放，完成髮型
1歸位的設定

接著請以同樣的方式，依序完成其他四個髮型的設定與歸位，此時就
可以隨意地看到髮型變換的效果。

1

①按下綠旗
②點選此髮型

2

②再點選其他髮型

①髮型3已套在模特兒頭頂上

3

原髮型3已歸位，新髮型已套到模特兒頭頂上

CHAPTER

8

8-4 臉型的變更與提示

在這個範例中，我們還設計了臉型的更換，以方便觀看圓形臉、方形臉或瓜子臉配對於不同髮型的效果。

8-4-1 模特兒與提示語的設定

為了讓他人知道臉型可以做切換，因此在按下綠旗時，除了要指定模特兒的正確位置外，還可以透過先前學過的技巧來加入圖說文字，設定方式如下：

1

②在腳本區加入此兩個程式積木

①點選此角色

2

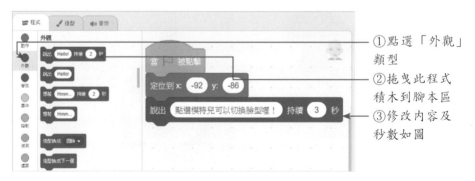

①點選「外觀」類型

②拖曳此程式積木到腳本區

③修改內容及秒數如圖

8-4-2 設定臉型的切換

　　當模特兒的角色被按下時，它要可以切換到其他造型，因此必須再加入如下兩個程式積木，即可完成本範例的製作。

1

加入此兩個程式積木

2

①按下綠旗

②模特兒顯示了圖說文字

3

按一下模特兒
就會看到臉型
的變更

第九章

風景相片魅惑萬花筒

9-1 腳本規劃與說明

這個範例是以相片瀏覽為主題,在下方陳列所有的影像縮圖,按下影像縮圖就會以傾斜的大圖顯示在視窗中間。利用空白鍵可切換不同色彩的背景底圖,而白色的標題字會不斷地進行縮放,讓畫面隨時都具有動感。

9-2 加入背景底色與角色圖案

首先請將所需的背景底色、影像縮圖、標題文字等加入到Scratch角色區。

➢ 加入背景底色

1

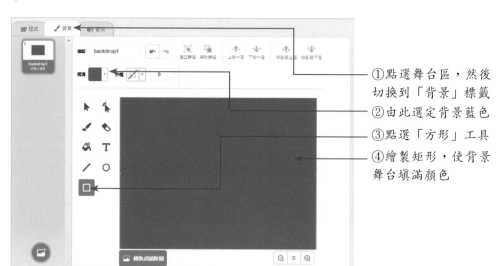

①點選舞台區,然後切換到「背景」標籤

②由此選定背景藍色

③點選「方形」工具

④繪製矩形,使背景舞台填滿顏色

2

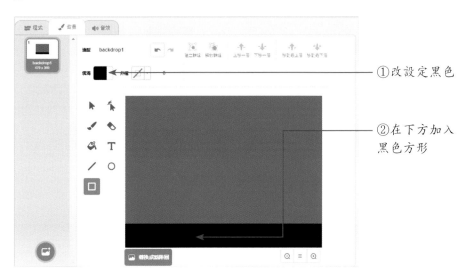

①改設定黑色

②在下方加入
　黑色方形

3

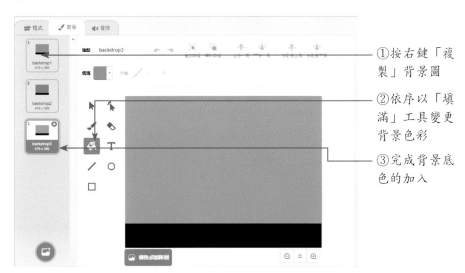

①按右鍵「複
　製」背景圖

②依序以「填
　滿」工具變更
　背景色彩

③完成背景底
　色的加入

> ➤ **上傳角色圖案**

　　請先刪除多餘的「Sprite1」，再利用「上傳」功能上傳小圖與文字
等角色圖案。

1

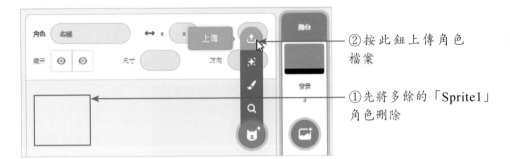

②按此鈕上傳角色檔案

①先將多餘的「Sprite1」角色刪除

2

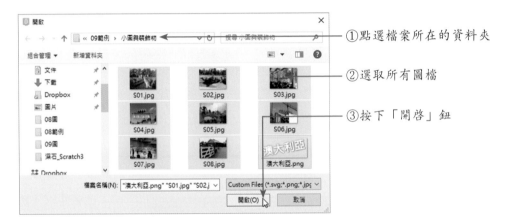

①點選檔案所在的資料夾

②選取所有圖檔

③按下「開啟」鈕

3

①依照順序將影像縮圖排列成一直線，如圖所示

②可個別調整y座標數值，讓圖片全部對齊

　　完成如上動作後，版面配置大致完成，緊接下來將進行程式積木的堆疊囉！

9-3 以空白鍵切換背景

　　在背景底圖方面，當按下綠旗後，可以利用空白鍵來切換背景圖。依此概念，各位將會用到「事件」的「當空白鍵被按下」的程式積木，透過事件的啟動，以便執行「背景換成下一個」的指令動作。

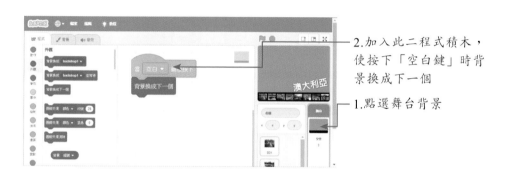

2.加入此二程式積木，使按下「空白鍵」時背景換成下一個

1.點選舞台背景

　　完成如上動作後，按下綠旗檢測其效果。

 1

按下綠旗，顯示藍色背景

2

按下Space空白鍵，背景變桃紅色了

9-4 設定縮圖起始位置

　　背景圖的切換設定完成後，接著要來設定縮圖的起始位置。也就是說，當綠旗被點擊時，所有的縮圖即使位置被更動了，也會自動回到指定的座標上，以方便觀賞者做選擇，其設定方式如下：

1

②加入如圖的程式積木，當按下綠旗時，小圖S1會移到目前的座標位置

①點選「S01」的角色

2

同上方式，依序
完成S02至S08角
色的積木堆疊

　　在此範例中，由於縮圖和放大圖將放在同一個角色裡，因此必須特別
指名造型名稱，以免放大圖顯示在縮圖的位置上。

9-5 設定大圖位置與旋轉角度

　　當縮圖都就定位後，接著要匯入大圖至各個角色中，然後再設定角色
被點選時顯現大圖，滑行到指定的位置後，透過程式積木的控制讓它向左
旋轉10度，讓畫面看起來比較動感而不會太呆板。

9-5-1 匯入大圖與設定位置／角度

1

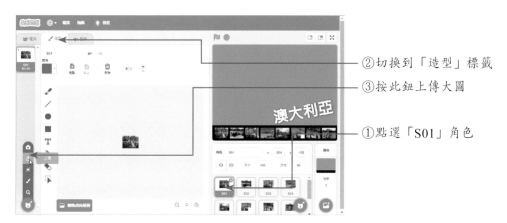

②切換到「造型」標籤

③按此鈕上傳大圖

①點選「S01」角色

CHAPTER

9

2

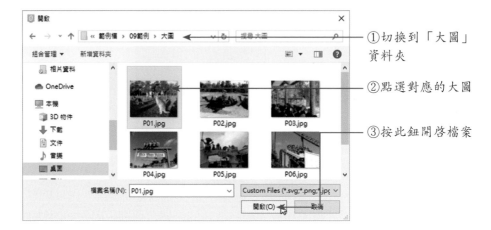

①切換到「大圖」資料夾

②點選對應的大圖

③按此鈕開啟檔案

3

①顯示匯入的大圖

②將大圖移到舞台上方

4

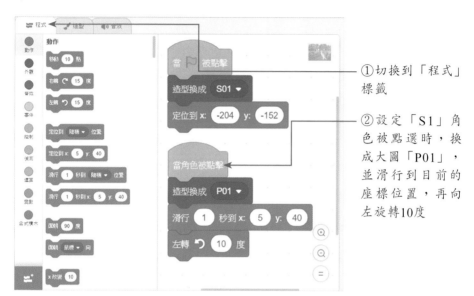

①切換到「程式」
標籤

②設定「S1」角
色被點選時，換
成大圖「P01」，
並滑行到目前的
座標位置，再向
左旋轉10度

設定完成按下綠旗播放專案，就會看到如下效果：

1

按下縮圖

2

②按紅鈕停止播放

①瞧！大圖滑行到
上方，並向左旋轉

9-5-2 設定按下滑鼠切換回小圖

當瀏覽者看完大圖後，只要按下滑鼠鍵（按下其他的小圖），就讓畫面回復到原先的小圖狀態，同時轉回原本的角度。依此概念，我們將依序加入如下的程式積木：

1

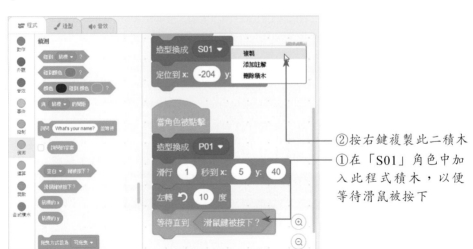

②按右鍵複製此二積木

①在「S01」角色中加
入此程式積木，以便
等待滑鼠被按下

2

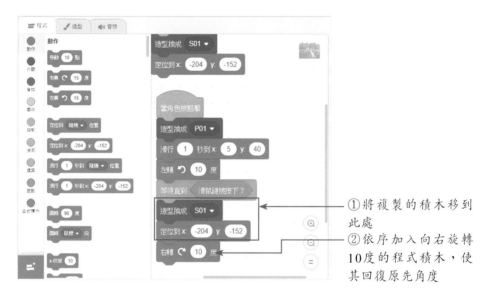

①將複製的積木移到
　此處

②依序加入向右旋轉
　10度的程式積木，使
　其回復原先角度

9-5-3 設定小圖面向90度

在剛剛的設定中，雖然當角色被點下時，有分別做向左（大圖）及向右（小圖）的旋轉。但是如果圖片未回正時就按下紅鈕停止，那麼下次按下綠鈕播放時，小圖就會變傾斜，而且測試次數越多，傾斜的角度就越明顯，如下圖示：

若在圖片未回正時就按
下紅鈕，那麼重新按下
綠旗時，小圖會變傾斜

CHAPTER

9

有鑑於此，我們還必須設定小圖的方向，讓綠旗被點擊時，所有的縮圖都能面向90度。

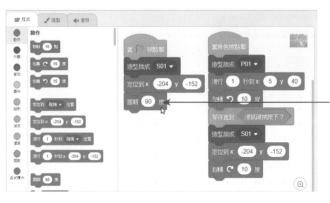

點選「S01」角色，由「動作」類型中加入此程式積木，使綠旗被點擊時，小圖可以面朝90度

完成如上的積木堆疊，再次測試程式，就可以順利地切換「S01」角色。接下來請各位依序完成如下的動作，就可以完成所有的縮圖與大圖的設定。

✓將「面向90度」方向的程式積木依序拖曳到所有的角色中，並堆疊在「當綠旗被點一下」的最下方。

✓同9-5節的內容，依序將「S02」到「S08」角色的所屬大圖匯入造型中，設定大圖位置與旋轉角度、設定按下滑鼠切換回小圖。（程式部分可複製後再做堆疊修改）

此處列出所有程式積木的堆疊供各位做參考：

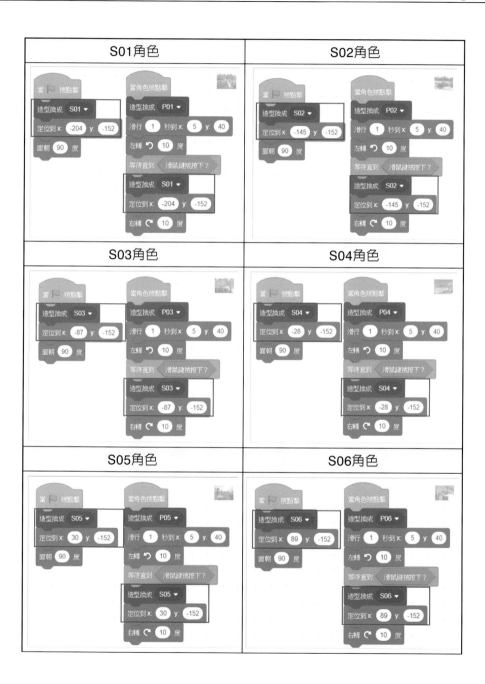

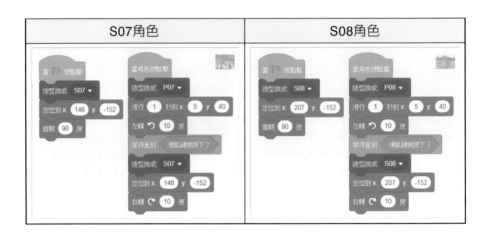

9-6 設定文字層上移與縮放效果

各位可能會發現，當大圖出現在舞台上時，都會將「澳大利亞」的標題給遮住一半，如下圖示：

瞧！標題文字
被大圖遮住了

　　遇到這樣的狀況，各位可以利用「外觀」類型中的「圖層移至最上層」指令，來將文字移到最上方。另外可透過「尺寸設定為__%」的程式積木來控制文字的縮放比例，只要文字能不停地縮放，畫面就會顯示動感。

1

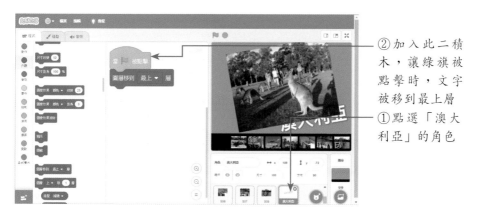

②加入此二積木，讓綠旗被點擊時，文字被移到最上層

①點選「澳大利亞」的角色

2

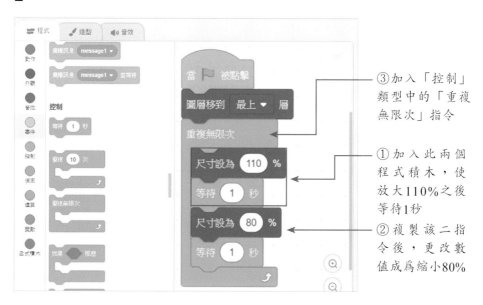

③加入「控制」類型中的「重複無限次」指令

①加入此兩個程式積木，使放大110%之後等待1秒

②複製該二指令後，更改數值成為縮小80%

3

①按下綠旗播放程
式

③瞧！標題文字已
經移到最上層，文
字也有縮放的變化

②點選縮圖位
置

9-7 加入提示文字

在這個範例中，看到小圖會以滑鼠去進行點選，相信這是很多人的
直覺反應，但是大多數人不可能知道按空白鍵可以切換背景舞台，因此在
程式開始執行時，必須要有圖說文字來加以說明。因此我們要在「澳大利
亞」的標題文字上加入如下的程式積木：

1

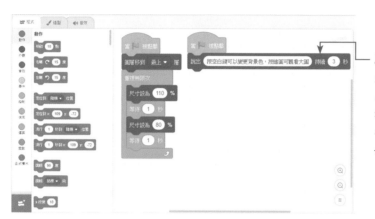

點選「澳大利亞」角色，加入如圖的程式積木，讓綠旗被點擊時說出如上的文字

2

按下綠旗，即可出現圖說文字

第十章

歡樂同學錄的製作錦囊

吳曉華

處女座,固執,喜歡數學,愛玩遊戲,
記憶力強,但不喜歡背誦文字,
人緣佳,老師的好幫手,

回同學錄

張方芳

天生淑女形象,溫柔體貼,有人緣,
喜歡烘焙,有她在就會有口福喔!

回同學錄

10-1 腳本規劃與說明

　　這個範例也是以瀏覽為主題,透過相片的點選來連結到特定人物的相關資訊,按下黃色的「回同學錄」鈕則可以回到首頁畫面重新選擇。不過使用程式技巧與上一個單元的範例並不相同,各位可以比較一下兩者之間的用法與差異性。範利中主要使用到「事件」類型的「廣播訊息」功能,以及「外觀」類型中的「顯示」與「隱藏」功能,透過角色接收到的訊息,來控制角色的顯示或隱藏。

10-2 背景圖的上傳與設定

　　首先將設計好的版面一一匯入到舞台中備用。

10-2-1 舞台背景的匯入與新繪

　　舞台背景部分,我們將每個同學的相片、姓名、興趣嗜好等資料設計成單一張的畫面,然後依序匯入到「背景」標籤中,另外再新畫一張單色的背景舞台當作首頁背景,以便把同學的相片可以安排在首頁當中。

1

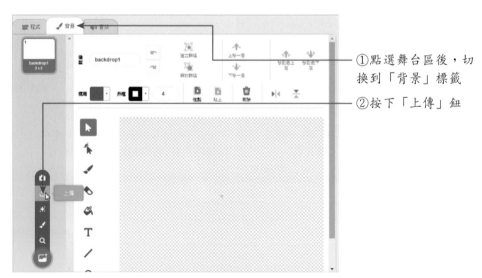

①點選舞台區後,切換到「背景」標籤

②按下「上傳」鈕

2

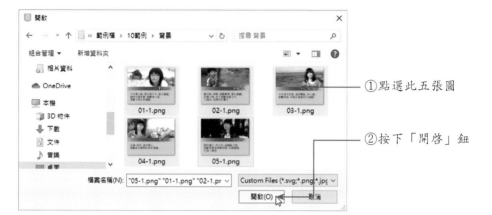

①點選此五張圖

②按下「開啓」鈕

3

①將匯入的背景
圖依照編號順序
排列

②點選色塊

③按下滴管

④按一下綠色，
以滴管選取該色
彩

4

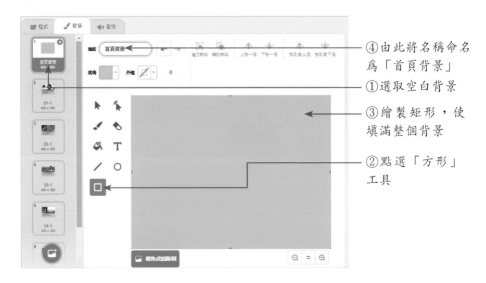

④由此將名稱命名
爲「首頁背景」

①選取空白背景

③繪製矩形，使
填滿整個背景

②點選「方形」
工具

10-2-2 舞台背景的程式堆疊

在舞台背景方面，主要設定當綠旗被點擊時，背景舞台設定爲「首頁背景」。依此概念，各位只要在舞台處堆疊如下的兩個程式積木即可完成：

2.加入如圖的兩
個程式積木，
並下拉選擇
「首頁背景」

1.點選舞台背景

10-3 首頁相片的編排與設定

　　當同學們的個人資訊都匯入舞台後,接著準備做首頁相片的安排。為了方便各位觀看程式堆疊的結果,我們先匯入一張相片,先針對單一相片來做程式積木堆疊,待確定效果後再一一匯入其他張相片,並同時複製程式指令。

10-3-1 匯入首頁相片

　　首先將舞台最上方的相片「01.png」匯入到角色區中備用。

1

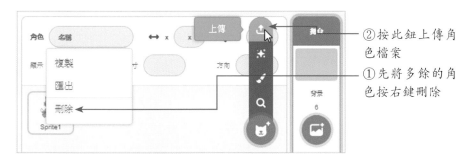

②按此鈕上傳角色檔案

①先將多餘的角色按右鍵刪除

2

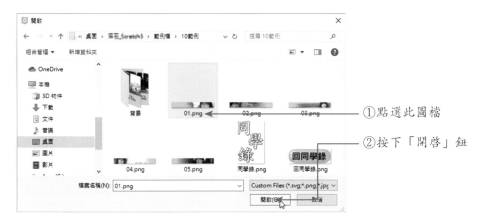

①點選此圖檔

②按下「開啟」鈕

3

以滑鼠將人物相
片移到舞台上方

10-3-2 堆疊相片的程式積木

　　剛剛匯入進來的人物相片是堆疊在背景舞台之上，即使背景切換了，人物相片仍會停留在原來的位置。除非各位將人物相片做「隱藏」，否則就會影響到背景圖的顯示。因此在腳本設計方面，主要有如下重點：

✓ 當綠旗被點擊時，人物的相片就顯示出來。

✓ 當角色（相片）被點擊時，將背景舞台設定爲對應的個人資料，同時開始廣播，傳送「隱藏」的訊息給所有的角色（如此一來，首頁的人物相片才會有隱藏的機會）。

✓ 如果該角色（相片）接收到「隱藏」的訊息就隱藏起來。

✓ 如果該角色（相片）接收到「回同學錄」的訊息就顯示出來。

1

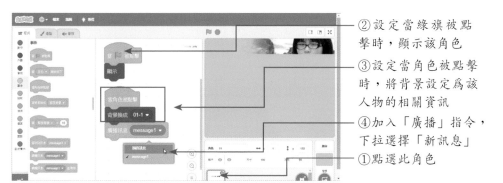

②設定當綠旗被點擊時，顯示該角色

③設定當角色被點擊時，將背景設定為該人物的相關資訊

④加入「廣播」指令，下拉選擇「新訊息」

①點選此角色

2

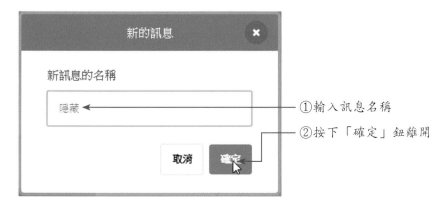

①輸入訊息名稱

②按下「確定」鈕離開

3

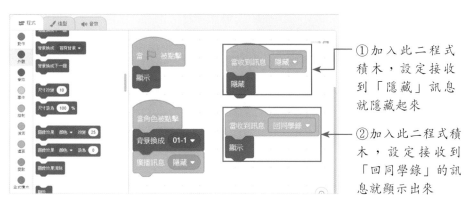

①加入此二程式積木，設定接收到「隱藏」訊息就隱藏起來

②加入此二程式積木，設定接收到「回同學錄」的訊息就顯示出來

完成如上設定後，按下綠旗播放效果，就可以由相片切換到個人資訊
了。

1

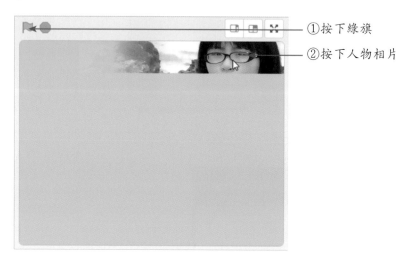

　　　①按下綠旗

　　　②按下人物相片

2

顯示相片人物的個人資訊

10-4 「回同學錄」按鈕設定

　　剛剛的腳本設定，可以讓我們順利地切換到相片人物的個人資訊，不過沒有辦法回到首頁畫面。因此必須在舞台上加諸一個可以回同學錄的按鈕，如此才能順利地做切換。

　　請由「角色區」按下「上傳」鈕，並開啓「回同學錄.png」圖檔，然後將按鈕放置在如下的位置上。

1.按下此鈕，使畫面停留在人物的個人資訊

3.將按鈕移到如圖的位置上

2.先上傳此按鈕圖

　　針對「回同學錄」按鈕，其設定的重點如下：

✓ 當綠旗被點擊時，先隱藏該按鈕。
✓ 如果該按鈕角色被點擊，將背景舞台設回單色的「首頁背景」，同時隱藏「回同學錄」按鈕，並開始廣播傳送「回同學錄」的訊息給所有的角色。
✓ 如果該角色按鈕接收到「隱藏」的訊息就顯示出來。

　　依上述的概念，現在請在「回同學錄」角色中堆疊出如下圖的程式積木。

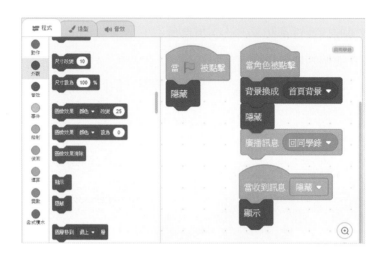

10-5 角色的複製與修改

　　當同學相片與個人資訊可以順利地切換後，接下來就是依序完成其他相片與個人資訊的串接。由於堆疊的程式積木幾乎相同，所以可以利用「複製」的功能來複製角色與程式積木，然後再修改其屬性內容即可快速完成。

1

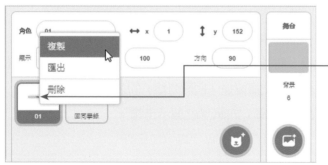

按右鍵於「01」角色，執行「複製」指令，可同時複製角色與程式積木

歡樂同學錄的製作錦囊 173

CHAPTER

10

2

②切換到「造型」標籤

③按此鈕上傳造型檔案

①點選複製後的角色

3

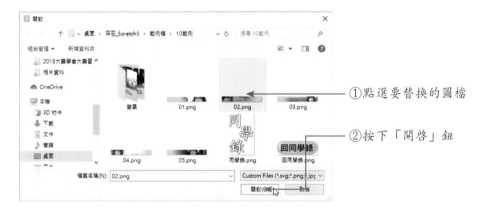

①點選要替換的圖檔

②按下「開啟」鈕

4

將原先的造型刪除，
只留下新加入的圖檔

5

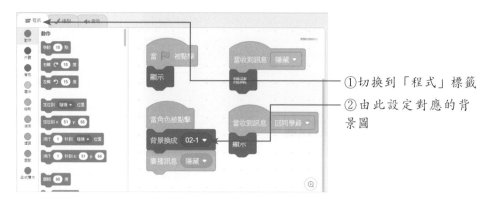

①切換到「程式」標籤

②由此設定對應的背景圖

6

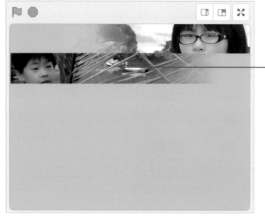

切換到首頁畫面，將圖片依序排列，同時測試效果

在調整圖片位置時，各位可以先將「當角色被點擊」與「背景換成 02-1」的兩塊積木先予以分離，這樣就可以輕鬆調整位置。

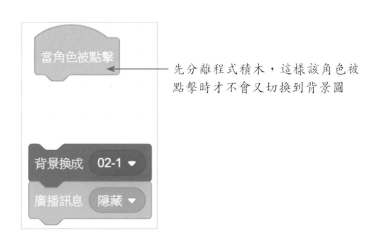

先分離程式積木，這樣該角色被
點擊時才不會又切換到背景圖

確定第二張相片的串接沒有問題後，同上技巧完成所有相片的串接，畫面將顯現如圖。

10-6 標題文字設定

首頁畫面裡必須要有標題文字，這樣觀看者才會知道這個程式的主

題內容。由於標題字只有在綠旗被點擊時，或是要做相片選擇時才需要出現，而切換到個人資訊時則必須隱藏起來，因此各位必須針對以下三個地方來堆疊程式：

✓ 當綠旗被點擊時，標題要顯現，並且要放置在最上層，否則會被相片擋住。

✓ 當標題角色接收到「隱藏」的訊息時就必須隱藏起來。

✓ 當標題角色接收到「回同學錄」的訊息時，就必須顯示出來。

　　依此概念，請各位上傳「同學錄.png」的圖檔到角色區中，同時完成程式積木的的堆疊。

3. 畫面完成，按綠旗觀看結果

2. 如圖堆疊其程式積木

1. 上傳此圖檔

第十一章

驚奇屋歷險特效攻略

（完成畫面）

魚眼特效改變
馬賽克特效改變
順時鐘漩渦
旋轉特效改變並播
放音樂
顏色特效改變並播
放音樂
造型變化

（變化效果）

11-1 腳本規劃與說明

　　這個範例設計的重點在於屋中的所有物件，只要碰到滑鼠移入時，就會顯現各種的變化效果，諸如：顏色的變化、旋轉、魚眼、馬賽克或是聲音的出現等，讓觀看者有驚訝的感受。由於多數的程式積木先前有使用過，所以介紹時會比較偏重未曾解說的指令做說明。各位也可以繼續發揮創意，自由地加入各種角色，讓驚奇屋的效果更豐富。

11-2 上傳背景圖與角色圖案

　　首先將所需要的舞台背景與角色準備好，以便角色的程式堆疊。

11-2-1 設定舞台背景

　　舞台背景部分，我們將由Scratch的「背景範例庫」中直接選用「Castle3」。

1

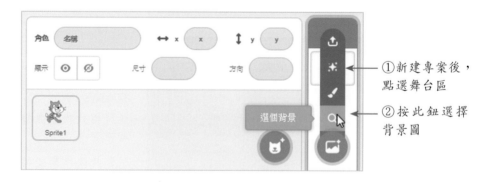

①新建專案後，
點選舞台區

②按此鈕選擇
背景圖

2

點選要使用
的背景圖，
使之加入

3

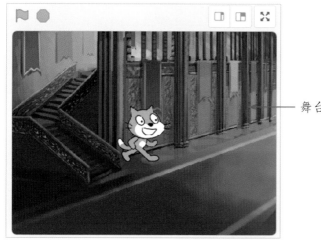

舞台背景設定完成

11-2-2 上傳角色圖案

　　確定舞台背景後，接下來將所需的角色一一上傳到Scratch的角色區
中。

1

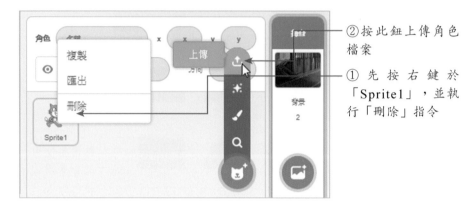

②按此鈕上傳角色檔案

① 先 按 右 鍵 於「Sprite1」，並執行「刪除」指令

2

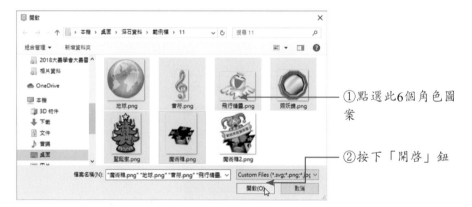

①點選此6個角色圖案

②按下「開啟」鈕

3

將上傳的角色排列在如圖的位置上

由於「魔術箱」的角色需要做造型的變化，於是在此一併上傳造型。

1

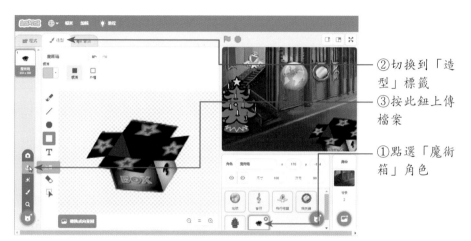

②切換到「造型」標籤

③按此鈕上傳檔案

①點選「魔術箱」角色

2

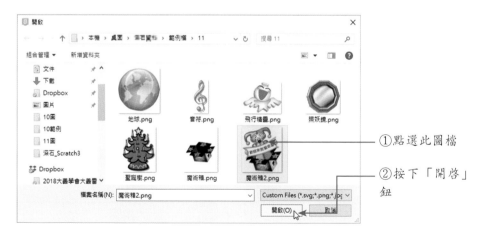

①點選此圖檔

②按下「開啟」鈕

3

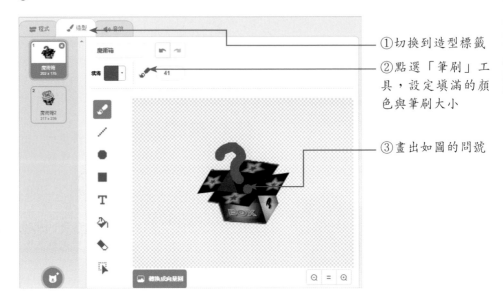

①切換到造型標籤

②點選「筆刷」工具，設定填滿的顏色與筆刷大小

③畫出如圖的問號

　　行文至此，所有的角色與造型就設定完成，現在可以準備利用程式積木來堆疊腳本。

11-3 設定魔術箱效果

　　在魔術箱方面，當綠旗被點擊時，將造型設定為「魔術箱」，如果角色碰到滑鼠游標，就將造型切換成「魔術箱2」，否則滑鼠游標移開角色時，就將造型設回「魔術箱」。

　　依此概念，各位將會應用到如下兩個新的程式積木：

程式類型	程式積木	說明
控制	如果　　那麼　否則	如果六邊形中的條件式成立，就執行其內層中的指令動作；如果條件式不成立，則執行「否則」內層中的指令動作。

程式類型	程式積木	說明
偵測	碰到 鼠標 ? ✓ 鼠標 邊緣 地球 音符 飛行精靈 照妖鏡 聖誕樹	程式作偵測時，發現碰到滑鼠游標、邊緣或特定角色。在此範利中，我們著重在「鼠標」的介紹，而第六章則介紹過特定角色（水草）的使用，各位可以翻回去參閱一下。

　　依照如上的腳本，請各位由「程式」標籤爲「魔術箱」角色堆疊出如圖的程式積木。

　　加入程式後，按下綠旗即可看到如下的效果。

1

——按下綠旗

2

——滑鼠移入時看到小丑拿著
「歡迎來到驚奇屋」的布條

11-4 設定聖誕樹效果

在聖誕樹方面，當綠旗被點擊時，如果角色碰到滑鼠游標，就將造型顏色做特效的改變，並播放指定的聲音「xyl02」，並重複不斷地執行

顏色特效與聲音的播放，但是當綠旗被點擊時，必須先清除所有的圖形特效，以便以原有的色彩顯示角色。

依此概念，各位將會使用到「外觀」類型中的「圖形效果清除」的指令，加入此程式積木後，意味著顏色、魚眼、漩渦、像素化、馬賽克、亮度或幻影的特效都會被移除。

11-4-1 加入聲音

要讓滑鼠游標碰到聖誕樹後可以聽到音樂聲，就必須在「音效」標籤中先設定音樂，其設定方式如下：

1

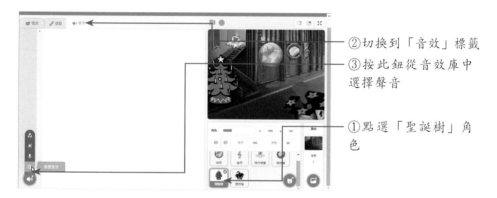

②切換到「音效」標籤

③按此鈕從音效庫中選擇聲音

①點選「聖誕樹」角色

2

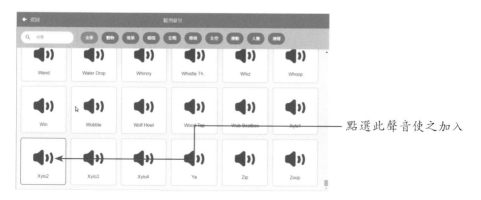

點選此聲音使之加入

3

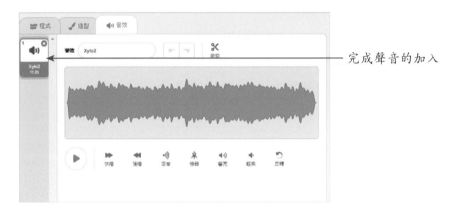

完成聲音的加入

11-4-2 堆疊聖誕樹的程式積木

　　請依上述的腳本概念，由「程式」標籤為「聖誕樹」角色堆疊出如圖的程式積木。

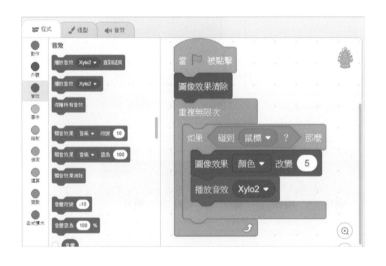

　　設定完成後按下綠旗，並將滑鼠移入聖誕樹，就會看到色彩的變化，當滑鼠移開時則色彩變化暫停，然後繼續將音樂播放完。

滑鼠移入時的顏色變化，
同時有音樂聲出現

　　如果各位覺得滑鼠移入聖誕樹時，音樂聲似乎出不來，那是因為我們沒有設定等待的時間，就直接讓程式不停地重複。因此各位不妨在「播放聲音」的程式積木後加入「等待1秒」的時間，效果就不相同喔！不過加入等待時間後，顏色特效會受到影響喔！

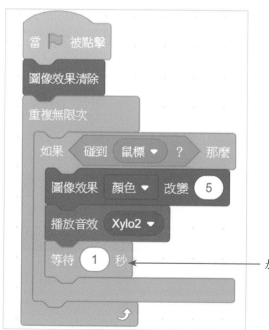

加入此指令

11-5 設定飛行精靈效果

在飛行精靈方面，當綠旗被點擊時，如果角色碰到滑鼠游標，就透過魚眼的特效來讓精靈的嘴巴變大，但是當滑鼠游標移開時，飛行精靈又能夠馬上恢復原狀，因此我們可以利用「如果__那麼__，否則__」的程式積木來處理，以便滑鼠移開時可以清除所有的圖形特效。

依此概念，請由「程式」標籤為「飛行精靈」的角色堆疊出如圖的程式積木。

瞧！下面便是魚眼特效的變化，嘴巴變得有夠大。

CHAPTER

11

11-6 設定地球效果

在地球部分，當綠旗被點擊時，如果滑鼠游標碰到地球，就顯示馬賽克的特效，而其改變的方式是透過電腦的運算，在1至5之間隨機選一個數值，這樣每次的效果就會不太一樣；當滑鼠游標移開時地球就恢復原狀。而綠旗點擊時，會重複執行上述的指令動作。依此概念，請爲「地球」的角色堆疊出如下圖的程式積木。

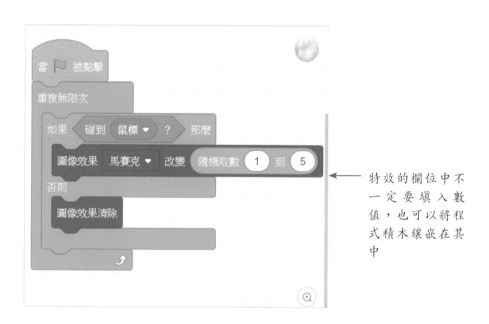

特效的欄位中不一定要填入數值，也可以將程式積木鑲嵌在其中

瞧瞧地球的變化，每一次效果都不一樣。

11-7 設定八卦鏡效果

　　八卦鏡部分，當綠旗被點擊時，如果滑鼠游標碰到八卦鏡，就顯示漩渦特效，一旦移開就讓八卦鏡恢復原狀。當綠旗被點擊時，會重複執行上述的指令動作。依此概念所堆積出來的程式積木如圖。

　　瞧！下面便是旋轉特效的變化。

11-8 設定音符效果

在音符部分,當綠旗被點擊時,如果滑鼠游標碰到音符就播放hip hop的音樂,並同時向右轉10度。若重複不斷地執行上述的指令動作,就可以看到音符如同時鐘的指針一樣地順時鐘移動。當綠旗被點擊時,一律將音符面向90度方向,使其恢復原狀,不呈現傾斜狀態。

依此概念,請點選「音符」角色,先由「音效」標籤將音效庫中的「Hip Hop」音效加入,然後從「程式」堆積出如圖的程式積木。

音符設定完成囉!瞧瞧它的效果。

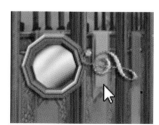
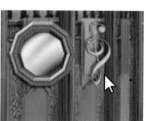
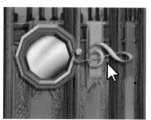

第十二章

筆畫心情塗鴉板

（完成畫面）

  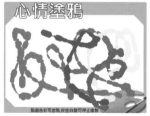

（塗鴉的效果）

12-1 腳本規劃與說明

這個範例的設計重點在於介紹「畫筆」與「音效」的程式積木。透過畫筆顏色的設定與畫筆大小的控制，讓遊戲者可以自由點選喜歡的色彩，藉由遊戲者的滑鼠移動，來塗鴉出個人的心情故事。不同色彩將搭配不同的背景音樂來表現心情。塗鴉者可以透過空白鍵來停止顏色的繪製，以便再次選擇其他的色彩來繼續塗鴉。

12-2 上傳背景圖與角色圖案

大致了解範例的整個風貌後，首先將所需要的舞台背景與角色準備好，以便角色的程式堆疊。

➢ 上傳舞台背景

1

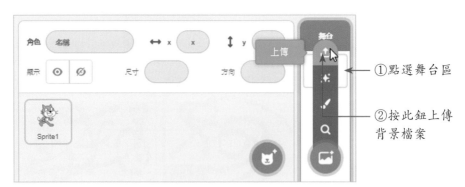

①點選舞台區

②按此鈕上傳背景檔案

2

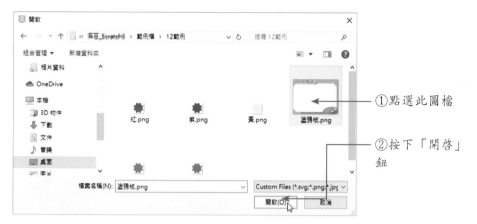

①點選此圖檔

②按下「開啟」
鈕

3

加入背景圖案
後，由「背
景」標籤將多
餘的空白背景
刪除

➢ 上傳角色檔案

舞台背景確認後，緊接著上傳紅、紫、黃、綠、藍等角色到角色區中
備用。

1

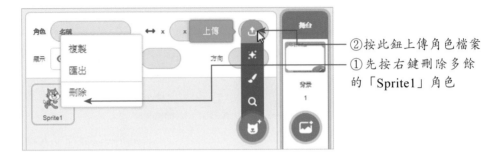

②按此鈕上傳角色檔案

①先按右鍵刪除多餘
的「Sprite1」角色

2

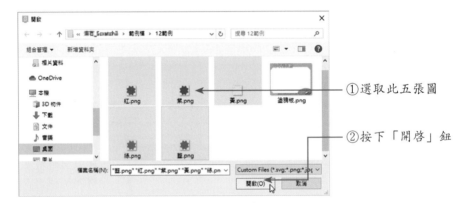

①選取此五張圖

②按下「開啟」鈕

3

由左至右依序以滑鼠將五
個顏色排列在調色盤上

12-3 設定畫筆的筆畫效果

　　版面編排完成後，接下來依序設定紅色、紫色、黃色、綠色、藍色等色彩的筆畫效果。

12-3-1 添加「畫筆」類型積木

　　由於Scratch 3.0在預設的狀態下，程式標籤並沒有顯示「畫筆」類型，所以各位如果要使用畫筆的相關積木，就要透過「程式」標籤下方的「添加擴展」 🔲 鈕來加入。

1

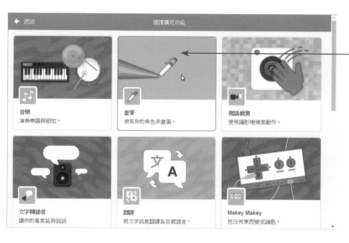

在「程式」標籤下方按下「添加擴展」 🔲 鈕，使進入此視窗，再點選「畫筆」的擴充功能即可加入

2

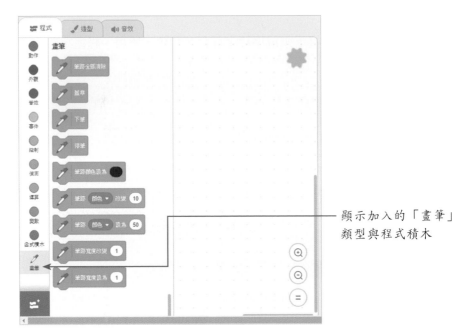

顯示加入的「畫筆」
類型與程式積木

12-3-2 設定紅色畫筆

　　當遊戲者由調色盤上點選紅色後，舞台上就會開始播放音樂，遊戲者可以配合著音樂，以滑鼠替代紅色畫筆來畫畫，只要滑鼠移到的地方，就會畫出粗細不一的紅色線條，直到遊戲者按下空白鍵時停止所有聲音，否則就會不斷重複紅色畫筆的效果。

　　另外，當綠旗被點擊時，紅色的角色會自動歸位到調色盤上，以利遊戲者點選，同時舞台上原有的塗鴉線條也一併清除乾淨，以利新的塗鴉。

　　依此腳本概念，各位將運用到以下幾個程式積木：

程式類型	程式積木	說明
畫筆	筆跡全部清除	清除舞台上所有的筆跡或蓋章。
畫筆	下筆	開始下筆畫畫。
畫筆	筆跡顏色設為 ●	依照選定的顏色來當做畫筆的顏色。
畫筆	筆跡寬度設為 1	設定畫筆的大小粗細。
偵測	空白 ▼ 鍵被按下？	如果從鍵盤上輸入特殊鍵，就會傳回「真」值，而此處的特殊鍵包括數字鍵0-9、英文鍵A-Z、上／下／左／右鍵、空白鍵。
聲音	停播所有音效	停止播放所有聲音。
動作	面朝 鼠標 ▼ 向	可設定面向滑鼠游標或角色。

➢ 音效檔的加入與編修

　　了解程式積木所代表的意義後，首先點選紅色角色，先由「音效」標籤上傳背景音樂。

1

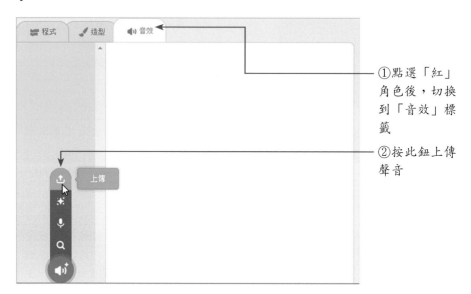

①點選「紅」
角色後，切換
到「音效」標
籤

②按此鈕上傳
聲音

2

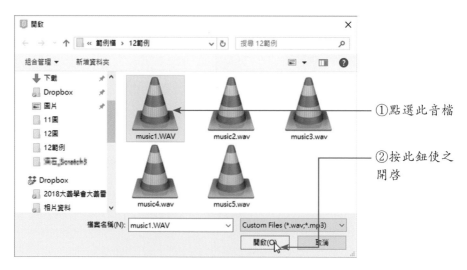

①點選此音檔

②按此鈕使之
開啟

3

看到聲音加入
了

➢ 堆疊程式積木

音檔確認後，接著在腳本區中依序加入以下的程式積木。

1

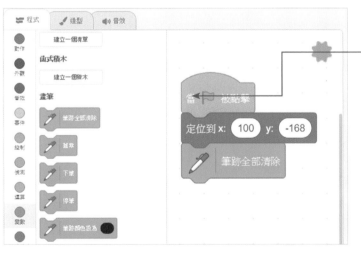

點選「紅」角色
後，依序堆疊出如
圖的程式積木，使
綠旗被點擊後，
「紅」角色移到目
前的位置，同時清
除所有筆跡，使舞
台保持乾淨

CHAPTER

12

2

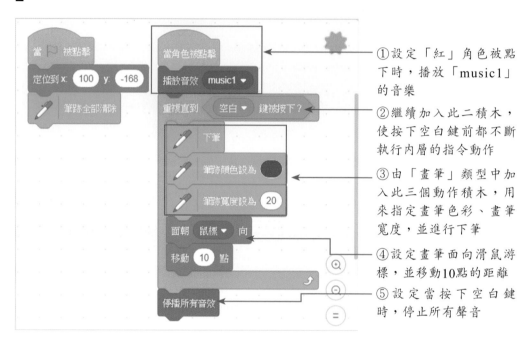

①設定「紅」角色被點下時，播放「music1」的音樂

②繼續加入此二積木，使按下空白鍵前都不斷執行內層的指令動作

③由「畫筆」類型中加入此三個動作積木，用來指定畫筆色彩、畫筆寬度，並進行下筆

④設定畫筆面向滑鼠游標，並移動10點的距離

⑤設定當按下空白鍵時，停止所有聲音

紅色設定完成後，請按下綠旗觀看效果。

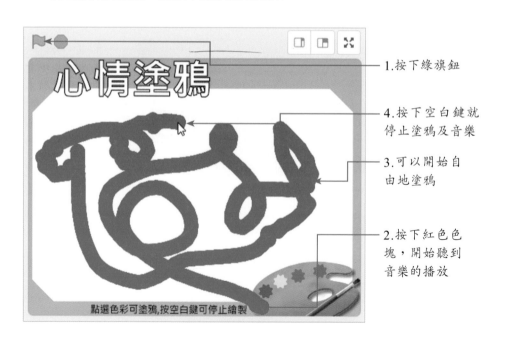

1.按下綠旗鈕

4.按下空白鍵就停止塗鴉及音樂

3.可以開始自由地塗鴉

2.按下紅色色塊，開始聽到音樂的播放

　　由於筆跡寬度設爲「20」，所以畫出來的線條是一樣的粗細，如果想要讓畫出的線條更有變化，可在數值欄位中加入「運算」類型中的「隨機取數__到__」的程式積木，如下圖示：

12-3-3 複製程式積木到其他畫筆

　　確定紅色可以正常運作後，接下來就將剛剛堆疊好的程式積木拖曳到其他的角色當中，以便複製程式與修改參數。

　　各位除了要變更角色的位置、畫筆的顏色外，另外還要針對每個色彩進行音樂的變更，而各色彩所選用的音樂檔如下：

顏色	對應之音效庫聲音檔
紫色	Music2.wav
黃色	Music3.wav
綠色	Music4.wav
藍色	Music5.wav

以下列出各顏色的程式積木供各位參考。

➢ **紫色**

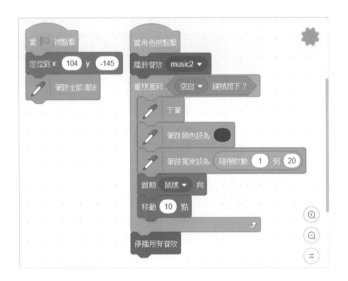

➢ **黃色**

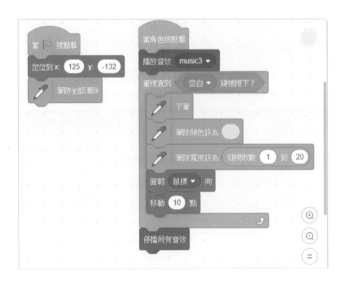

➤ 綠色

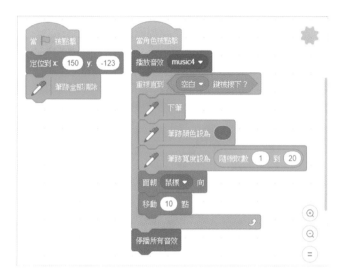

➤ 藍色

　　完成如上動作後，塗鴉板的設計就大功告成，現在來試試所有的顏色是否正確顯示無誤，其結果如下：

第十三章

打造音樂演奏饗宴

按下綠旗所顯示的畫面

由此選擇樂器

透過滑鼠移滑動可彈奏音符

這裡提示，按下數字鍵也可以彈奏音樂

點選樂器後所顯示的樂器造型

13-1 腳本規劃與說明

　　這個範例主要學習聲音的運用技巧，包括樂器的設定以及彈奏音符的高低與節拍數。此外也可以透過數字鍵的控制來彈奏指定的樂器或音符高低，讓使用者可以很輕鬆快樂的彈奏自己的音樂。

　　在腳本的規劃上，使用者可以透過圖片來選擇樂器，當點選某一樂器後，除樂器變換造型外，Scratch程式也會廣播該樂器，讓白色的琴鍵接收到樂器名稱後，就切換到該樂器，再依滑鼠滑過的琴鍵，播放出指定的音符。至於數字按鍵的設定是在舞台上處理。

　　在Scratch 3.0版中，由於與樂器相關的程式積木並非在預設的「音效」標籤中，所以各位必須透過「添加擴展」　　鈕來加入。

1

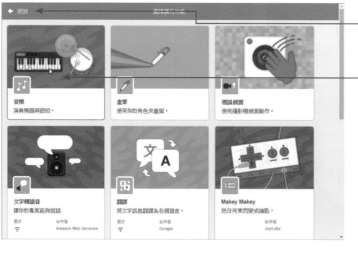

①由「程式」標籤按下「添加擴展」鈕進入此視窗
②按此加入演奏樂器與節拍

2

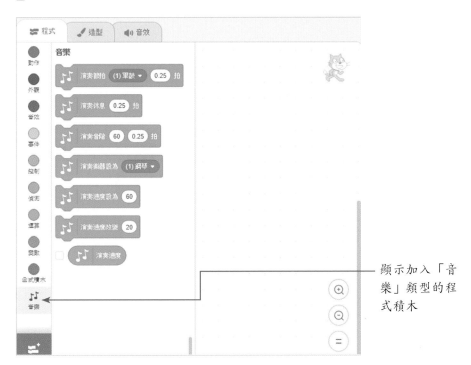

顯示加入「音樂」類型的程式積木

13-2 上傳背景圖與角色圖案

首先將所需要的舞台背景與角色準備好，以便角色的程式堆疊。

13-2-1 上傳舞台背景

1

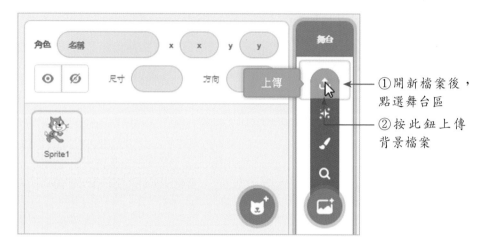

①開新檔案後，
點選舞台區

②按此鈕上傳
背景檔案

2

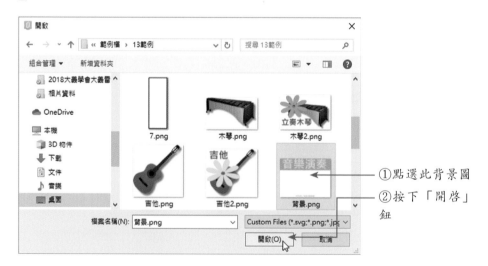

①點選此背景圖

②按下「開啟」
鈕

3

②切換到「背景」標籤，將多餘的空白背景刪除

①顯示加入的舞台背景

13-2-2 上傳角色與造型

　　背景圖確定後，接下來將琴鍵和樂器的角色／造型一一上傳到舞台上待用。

➤ 上傳黑白琴鍵

1

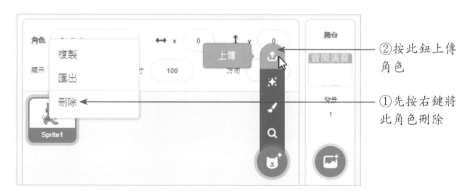

②按此鈕上傳角色

①先按右鍵將此角色刪除

2

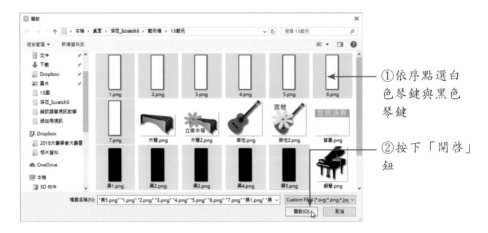

①依序點選白
色琴鍵與黑色
琴鍵

②按下「開啟」
鈕

3

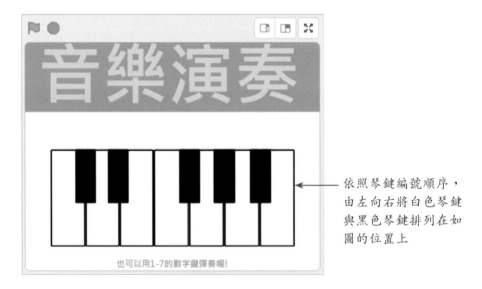

依照琴鍵編號順序，
由左向右將白色琴鍵
與黑色琴鍵排列在如
圖的位置上

在排列角色時，各位可以善用「角色區」上的x座標與y座標來進行
位置的調整，就可以對得整整齊齊的。

➢ 上傳樂器與其造型

當綠旗被點擊，使用者點選某一樂器，就會切換到包含有小花與樂器名稱的造型，所以在此除了由「角色區」新增樂器角色外，還必須由「造型」標籤加入樂器的另一個造型。此處以薩克斯風為例，角色與造型的上傳方式如下：

1

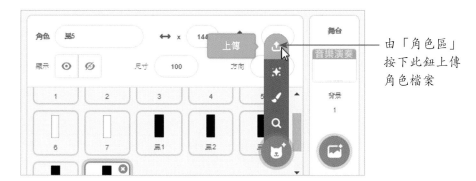

由「角色區」
按下此鈕上傳
角色檔案

2

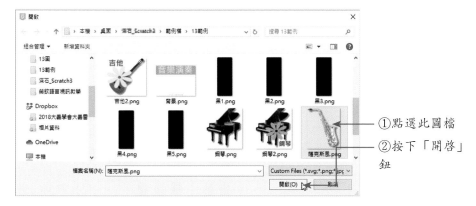

①點選此圖檔
②按下「開啟」
鈕

CHAPTER

13

3

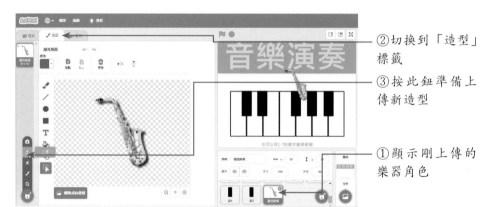

②切換到「造型」標籤

③按此鈕準備上傳新造型

①顯示剛上傳的樂器角色

4

①點選薩克斯風的另一造型

②按下「開啟」鈕

5

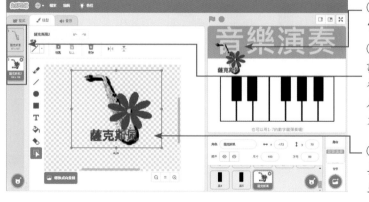

②將角色移到適當的位置

③切換此二造型，讓薩克斯風造型進行切換時，儘可能在相同的位置上而不會偏移

①以「選取」工具選取此造型，並向右移

接下來請以相同方式，完成鋼琴、吉他、木琴等樂器的造型上傳，並使畫面顯現如圖。

13-3 樂器角色的設定

當所有角色都就定位後，接著準備進行各項樂器的設定。

13-3-1 設定綠旗被點擊的狀態

當綠旗被點擊時，希望薩克斯風能夠自動放置在我們所設定的預備位置，同時造型顯示在未有花朵與名稱的圖案上。

CHAPTER

13

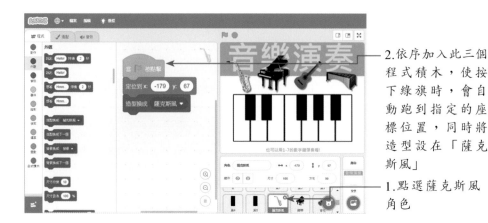

2.依序加入此三個程式積木，使按下綠旗時，會自動跑到指定的座標位置，同時將造型設在「薩克斯風」

1.點選薩克斯風角色

13-3-2 設定角色按下的狀態

　　當薩克斯風的角色被點擊時，就透過程式廣播「薩克斯風」，同時將角色的造型變更成包含小花與樂器名稱的造型。請延續前面步驟繼續設定：

1

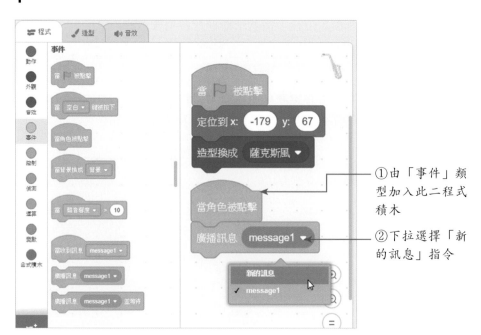

①由「事件」類型加入此二程式積木

②下拉選擇「新的訊息」指令

2

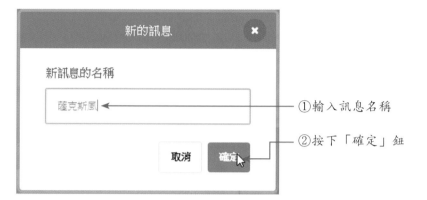

①輸入訊息名稱

②按下「確定」鈕

3

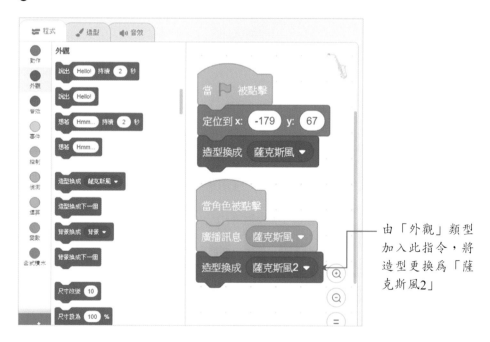

由「外觀」類型加入此指令,將造型更換為「薩克斯風2」

完成如上設定後,請按下綠旗測試一下效果是否正確。

CHAPTER

13

1

①按下綠旗鈕

②按下薩克斯風的樂器圖片

2

瞧！造型變更了

13-3-3 複製與修改程式積木

確定剛剛設定的薩克斯風樂器圖案沒有問題後，接著就是透過拖曳的方式，將堆疊的程式積木複製到其他的樂器上，然後再修改程式積木的相關屬性。

1

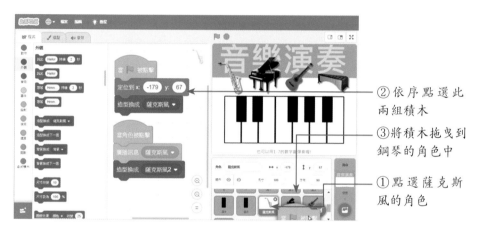

② 依序點選此兩組積木

③ 將積木拖曳到鋼琴的角色中

① 點選薩克斯風的角色

2

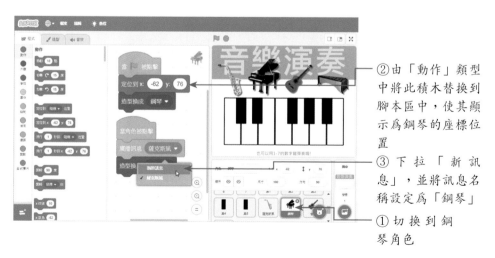

② 由「動作」類型中將此積木替換到腳本區中，使其顯示為鋼琴的座標位置

③ 下拉「新訊息」，並將訊息名稱設定為「鋼琴」

① 切換到鋼琴角色

3

依序完成鋼琴角色的設定

同上方式，依序完成吉他與木琴的設定，而其程式積木的堆疊如下：

吉他　　　　　　　　　　　木琴

13-4 琴鍵角色的設定

在白色琴鍵部分，首先設定它在接收到特定樂器時，就透過「音樂」類型來指定樂器，另外就是當滑鼠游標碰到琴鍵時，指定它彈奏的音符及節拍。在此各位將會運用到如下兩個程式積木：

程式類型	程式積木	說明
音樂	演奏樂器設為 (1)鋼琴 ▾	設定樂器的種類。目前共有21種樂器可以選用，依數字編號其樂器分別為：(1)鋼琴、(2)電子琴、(3)風琴、(4)吉他、(5)電吉他、(6)貝斯、(7)撥奏、(8)大提琴、(9)長號、(10)單簧管、(11)薩克斯風、(12)長笛、(13)木笛、(14)低音管、(15)人聲合唱、(16)顫音琴、(17)音樂盒、(18)鋼鼓、(19)馬林巴、(20)合成主音、(21)合成柔音。
音樂	演奏音階 60 0.25 拍 C (60) C(60) C(72)	設定彈奏音符的高低。下拉可以設定Do、Re、Mi、Fa、So、La、Si……等共8種高低音，而後方欄位可設定節拍。

在此範例中，筆者設定了七個琴鍵，此處先以第一個琴鍵做說明。

13-4-1 設定樂器與訊息的接收

要讓琴鍵可以彈出薩克斯風、鋼琴、吉他、木琴等不同的聲音，當然要琴鍵先接收到訊息，它才可以做轉換。

1

②由「事件」類型中加入此程式積木,並下拉選擇薩克斯風樂器

③切換到「音樂」類型,加入此程式積木,並下拉選擇對應的樂器名稱

①點選第一個琴鍵

2

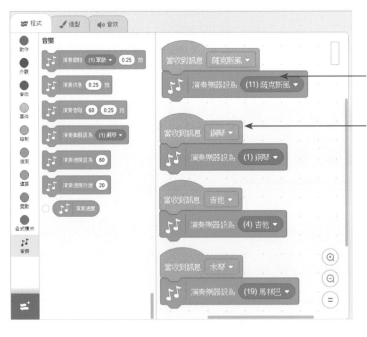

①按右鍵複製程式積木

②依序將複製的積木修改成鋼琴、吉他、木琴(馬林巴)等樂器

13-4-2 設定滑鼠移入琴鍵的狀態

當綠旗被點擊後，琴鍵會自動移到預定的位置，如果滑鼠游標一移入白色琴鍵，就彈奏出指定的音符與節拍。依此概念，我們將堆疊出如下的程式積木：

1

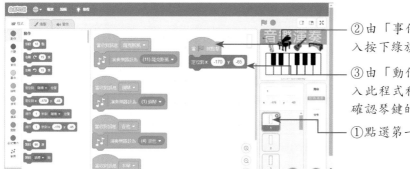

②由「事件」類型加入按下綠旗的指令

③由「動作」類型加入此程式積木，使其確認琴鍵的位置

①點選第一個琴鍵

2

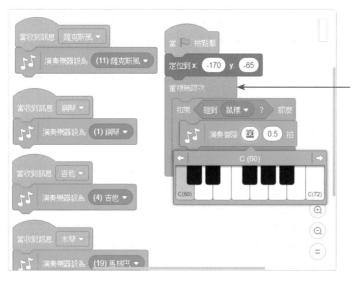

依序加入程式積木，讓滑鼠游標一碰到琴鍵，就彈奏0.5拍的Do音符，而且不停重複執行該內層指令

3

①按下綠旗鈕

②瞧！滑鼠移到
　此琴鍵時，就會
　聽到Do的音符聲

13-4-3 複製程式積木到其他琴鍵

　　確認第一個琴鍵的設定沒有問題後，接著就是依序將剛剛設定好的
程式積木拖曳到其他的琴鍵上，然後再修改新琴鍵的座標位置與彈奏的音
符，這樣就可以快速完成所有琴鍵的設定。

1

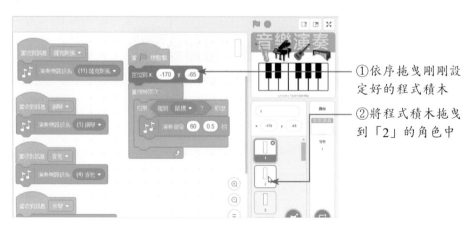

①依序拖曳剛剛設
　定好的程式積木

②將程式積木拖曳
　到「2」的角色中

2

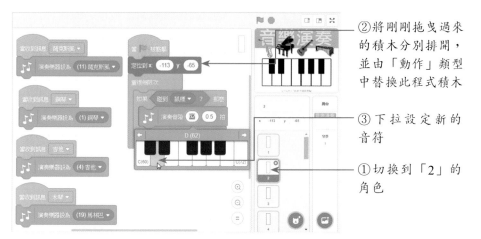

②將剛剛拖曳過來
的積木分別排開，
並由「動作」類型
中替換此程式積木

③下拉設定新的
音符

①切換到「2」的
角色

　　請依序完成3、4、5、6、7等白色琴鍵的積木堆疊，而其積木內容如下：

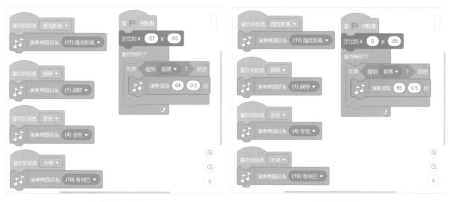

白色積木3　　　　　　　　　　　　白色積木4

CHAPTER

13

白色積木5

白色積木6

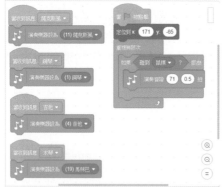

白色積木7

13-5 以數字鍵彈奏樂器與音符

　　剛剛已經順利完成滑鼠游標移入白色琴鍵的設定，接下來則要設定以數字鍵來彈奏音樂。此部分將在舞台上進行，同樣地，當舞台接收到薩克斯風、鋼琴、吉他、木琴等樂器的訊息時，就必須將樂器設定到指定的樂器上，因此各位可以將白色琴鍵中的程式積木直接拖曳並複製到舞台上。

1

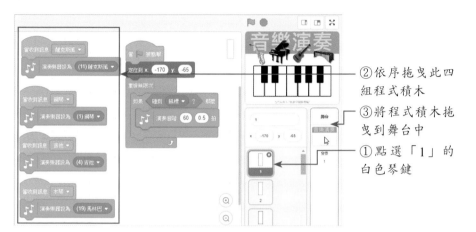

②依序拖曳此四
組程式積木

③將程式積木拖
曳到舞台中

①點選「1」的
白色琴鍵

2

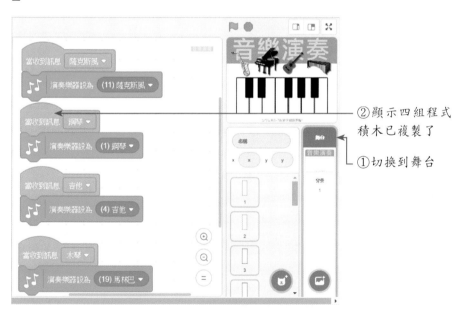

②顯示四組程式
積木已複製了

①切換到舞台

CHAPTER

13

接下來要利用「事件」類型中「當__鍵被按下」的程式積木，此積木除了可以設定為空白鍵、上／下／左／右鍵外，還可以設定為a-z的英文字母，以及0-9的數字。空白鍵的用法在第9章曾經介紹過，這裡則運用在

1-7的數字上，讓使用者按下數字鍵時，分別彈奏出指定的音符。請延續上面的步驟繼續進行設定。

1

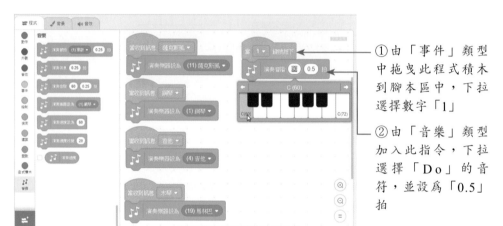

①由「事件」類型中拖曳此程式積木到腳本區中，下拉選擇數字「1」

②由「音樂」類型加入此指令，下拉選擇「Do」的音符，並設為「0.5」拍

2

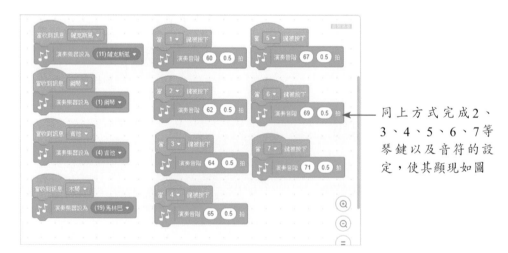

同上方式完成2、3、4、5、6、7等琴鍵以及音符的設定，使其顯現如圖

完成如上的設定後，將輸入法切換到英文模式，就可以透過數字鍵來播放音符，並且同時可以自由地切換樂器。

第十四章

發財金幣不求人

14-1 腳本規劃與說明

　　這個範例是透過左移鍵和右移鍵來控制下方貝比的移動位置，而上方的財神爺會左右來回的移動，且不定時的由手中丟下金幣，當貝比接收到財神爺丟下來的金幣時，就會發出「發財」的聲音，同時變換成如右上圖滿載財寶的造型。而天空也會不時的掉下星星，還有背景音樂的陪伴，讓整個遊戲畫面不會太單調。

　　範例中所使用到的程式積木，大致上前面章節都已學過，各位可趁此

機會，加強個人的創造力與邏輯思考力。即使遇到問題時，想辦法利用已學過的程式積木來解決問題，唯有不斷思考、嘗試創新和解析問題，才能夠讓自己的能力更提升，以應變未來瞬息萬變的時代。

14-2 上傳背景圖與角色圖案

首先將所需要的舞台背景與角色一一上傳到角色區備用。

14-2-1 上傳舞台背景

1

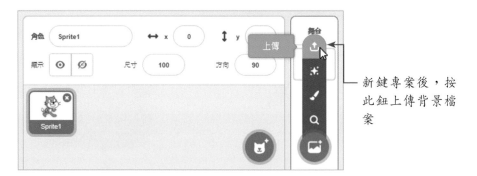

新鍵專案後，按
此鈕上傳背景檔
案

2

①點選此背景圖

②按下「開啟」鈕

3

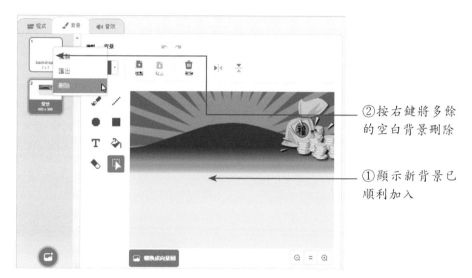

②按右鍵將多餘
的空白背景刪除

①顯示新背景已
順利加入

14-2-2 上傳角色與造型

在此範例中，貝比、財神爺、發財金幣是主要的角色，紅／藍／黃星則是裝飾用的角色，而「貝比2」的造型則是增添趣味性。現在先依序將它們上傳到角色區中。

1

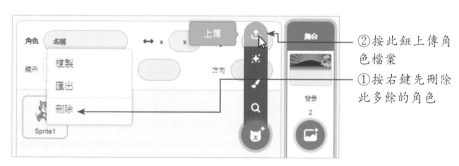

②按此鈕上傳角
色檔案

①按右鍵先刪除
此多餘的角色

2

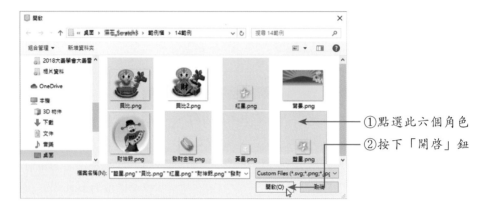

①點選此六個角色

②按下「開啟」鈕

3

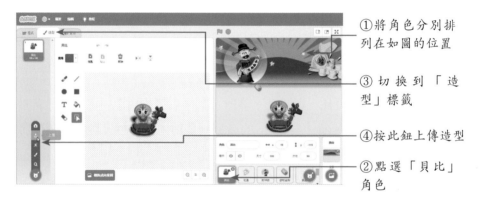

①將角色分別排列在如圖的位置

③切換到「造型」標籤

④按此鈕上傳造型

②點選「貝比」角色

4

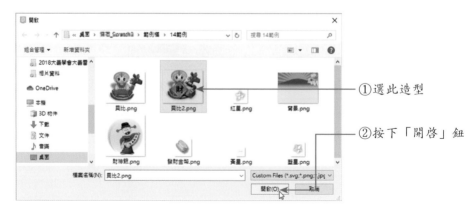

①選此造型

②按下「開啟」鈕

5

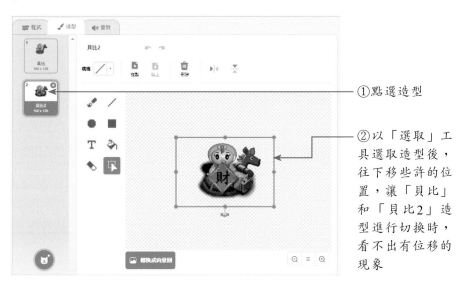

①點選造型

②以「選取」工具選取造型後，往下移些許的位置，讓「貝比」和「貝比2」造型進行切換時，看不出有位移的現象

14-3 設定以左右鍵移動貝比

　　所有的角色與造型都就定位後，現在先來設定貝比的角色。

　　在腳本的規劃上，只要綠旗被點擊，使用者按下右移鍵，就可以將貝比造型的X座標值加大3點；如果按下左移鍵，就將X座標值減小3點。由於一般使用者不一定知道是利用左移或右移鍵來控制，因此在程式開始時，最好可以加入圖說文字來做提示。又因為貝比有兩個造型，所以最好預先設定所要呈現的造型名稱。

　　依此概念，我們將進行如下幾項的程式堆疊：

✓ 事件：當綠旗被點擊

✓ 外觀：造型換成「貝比」、說出「要接發財金幣，請利用向左／向右鍵移動貝比」持續3秒

✓ 控制：重複無限次、如果__那麼

✓ 偵測：向左鍵被按下？向右鍵被按下？

✓ 動作：x改變＿

1

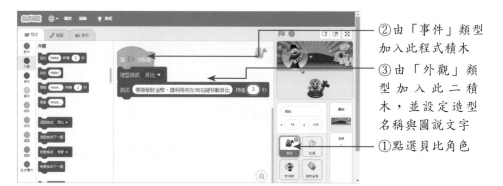

②由「事件」類型加入此程式積木

③由「外觀」類型加入此二積木，並設定造型名稱與圖說文字

①點選貝比角色

2

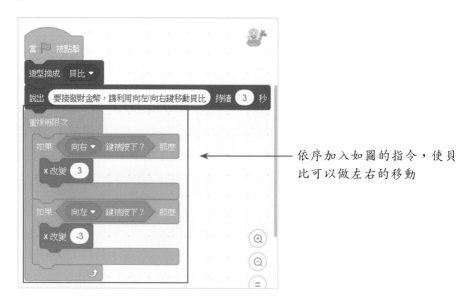

依序加入如圖的指令，使貝比可以做左右的移動

完成如上動作後請按下綠旗鈕做測試，就可以看到如下的效果：

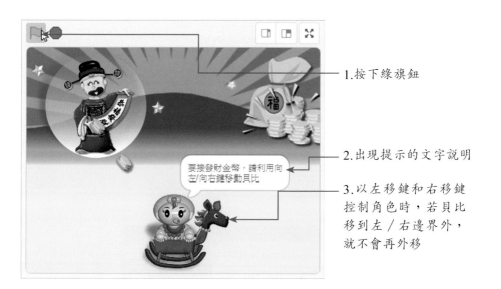

1.按下綠旗鈕

2.出現提示的文字說明

3.以左移鍵和右移鍵
控制角色時，若貝比
移到左／右邊界外，
就不會再外移

各位也可以把「將X座標改變」的程式積木替換成「移動＿點」，其
執行結果相同，如圖示：

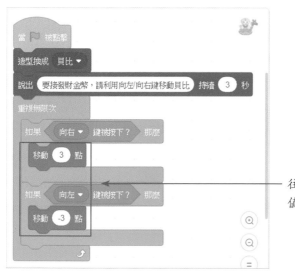

往右設爲正值，往左設爲負
值

14-4 設定財神爺移動方式

　　在財神爺方面，主要設定當綠旗被點擊後，就讓財神爺不停地往右移動2步，如果碰到舞台邊緣，就讓他往反方向移動2步。各位可以預先指定財神爺出現的位置，另外還要進行「廣播」的動作，以便傳送「財神爺」的訊息給所有的角色及舞台知道。

1

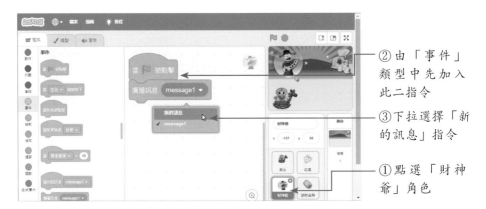

②由「事件」類型中先加入此二指令

③下拉選擇「新的訊息」指令

①點選「財神爺」角色

2

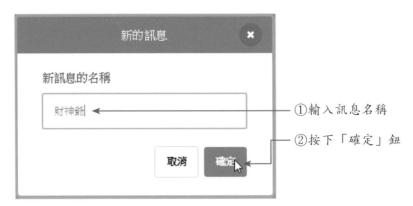

①輸入訊息名稱

②按下「確定」鈕

3

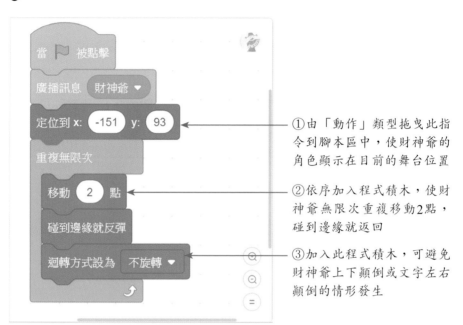

①由「動作」類型拖曳此指令到腳本區中，使財神爺的角色顯示在目前的舞台位置

②依序加入程式積木，使財神爺無限次重複移動2點，碰到邊緣就返回

③加入此程式積木，可避免財神爺上下顛倒或文字左右顛倒的情形發生

14-5 設定發財金幣移動方式

財神爺設定完成後，接著就是設定發財金幣的移動方式。這裡各位要設定的重點有下面幾項：

✓ 當綠旗被點擊時，發財金幣將不斷地往下移，使Y座標值改變為「-2」。

✓ 如果發財金幣碰到「貝比」的角色時就隱藏起來，除了播放「發財」的音效外，同時廣播「財神爺」的訊息給所有的角色。

✓ 如果發財金幣下移時碰到了舞台的邊緣，也廣播「財神爺」的訊息給所有的角色。

✓ 當發財金幣接收到「財神爺」的訊息，就讓它移到「財神爺」的位置，同時再次顯現。

14-5-1 上傳音效檔案

根據上述的腳本概念，由於需要使用到「發財」的聲音，因此我們先將此音檔上傳到「發財金幣」中。

1

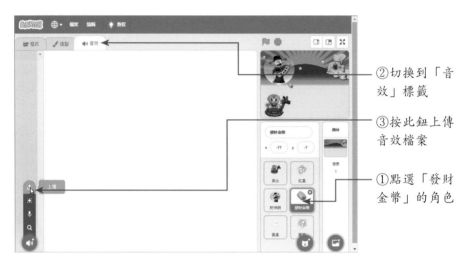

②切換到「音效」標籤

③按此鈕上傳音效檔案

①點選「發財金幣」的角色

2

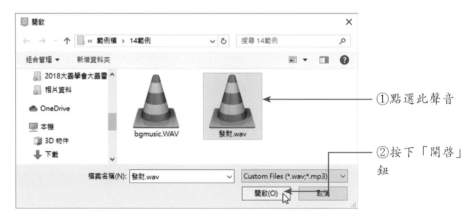

①點選此聲音

②按下「開啟」鈕

CHAPTER

14

3

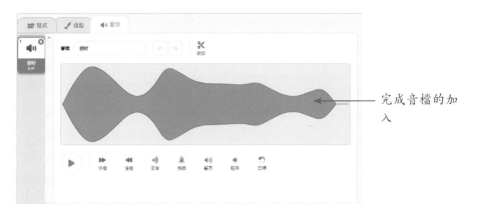

完成音檔的加
入

14-5-2 堆疊發財金幣的程式積木

「發財」聲音加入到「發財金幣」的角色後，請各位依照前面說明的
腳本概念，為「發財金幣」堆疊出如下的程式積木：

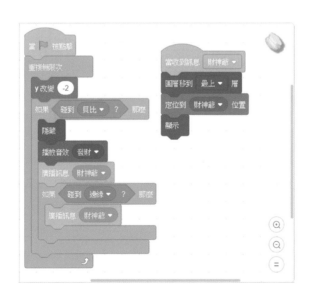

在設定過程中，由於發財金幣可能會跑到財神爺的下方，此時可利用

「外觀」類別中的「圖層移到最上層」將金幣移到財神爺的上層。另外，如想要讓金幣可以從財神爺的手中丟出，各位可以透過以下方式來進行調整：

1.由此查看財神爺手中金幣的位置

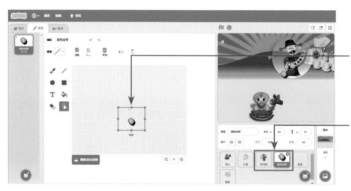

2.切換到「發財金幣」，透過「選取」工具調整金幣位置，讓兩個角色中的金幣位置相同

3.快速切換此二角色，可比較兩個金幣位置是否相同

14-6　貝比接收金幣變換造型

行文至此，財神爺順利地從手中丟下發財金幣，貝比也可以順利地利用向左鍵和向右鍵來接收金幣。而在貝比接收金幣的同時，若要讓貝比變換造型，那麼就得在如下的兩個地方加入程式積木：

✓金幣如果碰到貝比時就要做廣播的動作（此處定義為「財源滾滾」）。

✓ 貝比在接收到「財源滾滾」的訊息，就做出變換造型的動作，等待1秒
　後再變回原有的造型

　　依此概念，我們必須在「發財金幣」與「貝比」兩個角色中加入如下
的程式積木：

➤ 發財金幣

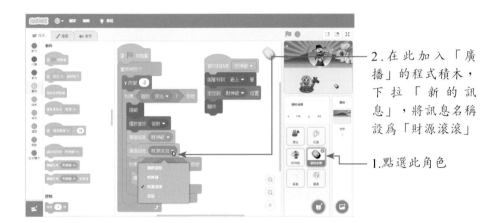

2.在此加入「廣
播」的程式積木，
下拉「新的訊
息」，將訊息名稱
設為「財源滾滾」

1.點選此角色

➤ 貝比

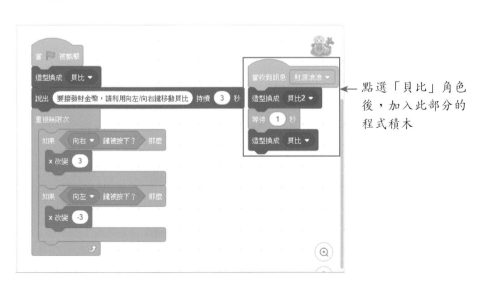

點選「貝比」角色
後，加入此部分的
程式積木

14-7 設定星星落下的效果

　　為了增加畫面的動感，範例中還加入紅、黃、藍三種星星，讓它不定時、不定點的由上方慢慢落下，且掉到舞台下方時，又可以自動跑回舞台上方，並重複落下的動作。依此腳本概念，我們將在星星的角色中做如下的程式設定：

✓ 當綠旗被點擊時，隨機選一個數，如果數值等於某一特定數值，就廣播「星星」的訊息給所有的角色及舞台。

✓ 當星星的角色接收到「星星」的訊息，就不停地將Y座標的數值往下做變更，並做方向性的旋轉。如果星星碰到舞台的下方邊緣，就隨機將星星放回到舞台上方；而放置的座標位置是設定在舞台的區域範圍，X為-230到230之間，而Y座標則定為160。

　　各位都知道，Scratch舞台的寬高為480×360，座標原點在畫面中央，X設定在-230到230之間，這樣可以確保星星不會跑到舞台之外。至於Y值會設定在160，是因為星星若碰到舞台的上邊緣（Y=180），它會不斷地在「如果」的條件式中執行，所以星星就不會往下落。

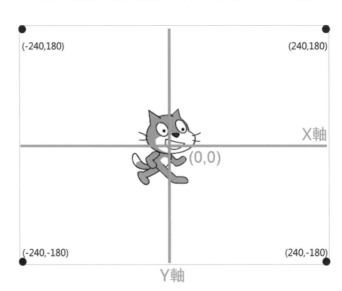

　　依上述的腳本概念，請各位自行為紅星、藍星、黃星堆疊出如下的程式積木：

➢ 紅星

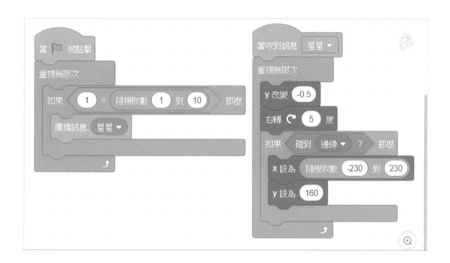

➢ 藍星

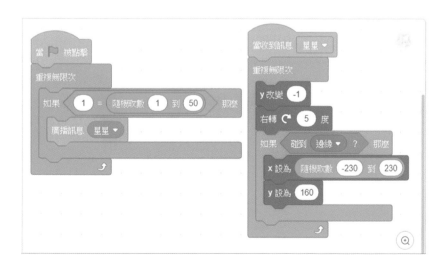

CHAPTER

14

➢ 黃星

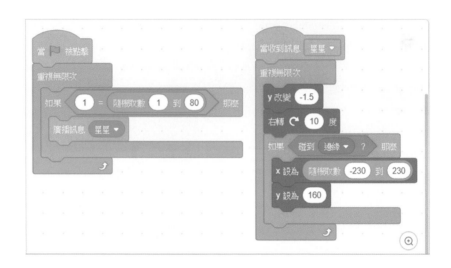

14-8 設定舞台背景音樂

在範例的最後，我們要再加入背景音樂，讓遊戲時不會太無聊。此處我們在舞台背景中插入所上傳的聲音檔案：

1

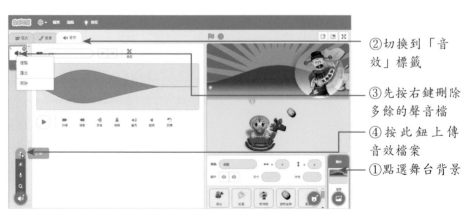

②切換到「音效」標籤

③先按右鍵刪除多餘的聲音檔

④按此鈕上傳音效檔案

①點選舞台背景

2

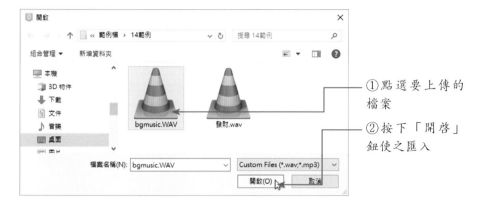

①點選要上傳的
檔案

②按下「開啟」
鈕使之匯入

3

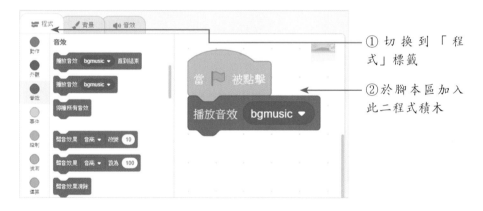

①切換到「程
式」標籤

②於腳本區加入
此二程式積木

完成接發財金幣的遊戲設定，按下綠旗觀看完成的結果吧！

第十五章

老實樹遊戲攻心密技

15-1 腳本規劃與說明

在Scratch軟體中有一項很特別的功能，那就是它可以做出雙向互動式的問與答。也就是說，Scratch可以偵測程式積木所提問的問題，並等

待使用者輸入答案後，再針對答案來做回應。

　　此範例是設定兩個男童在球場上玩蹺蹺板，由於第一次見面，所以右邊的男童詢問對方的名字。待對方輸入名字後，右邊的男童除了說出對方的名字外，還自我介紹名字，並跟對方打招呼。另外，在詢問對方喜好的運動時，也可以透過訊息的廣播或接收來回應結果，即使答非所問也能再次的提問對方，直到有對應的答案出現。

　　此範例將會學習到以下幾個新的程式積木：

程式類型	程式積木	說明
偵測	詢問 What's your name? 並等待	在舞台上提問問題，等待使用者從鍵盤上輸入資料後，再將輸入的資料儲存在「答案」中。
偵測	詢問的答案	程式提問問題後，使用者從鍵盤上輸入的資料即為答案。
運算	字串組合 apple banana	合併第一個字串和第二個字串。
運算	或	如果第一個條件或第二個條件皆成立的話，就傳回「真」。
控制	停止 全部 ▼	停止所有的角色或程式。

15-2 上傳背景圖與角色圖案

　　對於腳本有所了解後，接下來先進行舞台背景與角色造型的上傳。

CHAPTER

15

15-2-1 上傳背景舞台

1

新建專案後，
按此鈕上傳背
景檔案

2

①點選要使用的
背景圖

②按下「開啓」
鈕

3

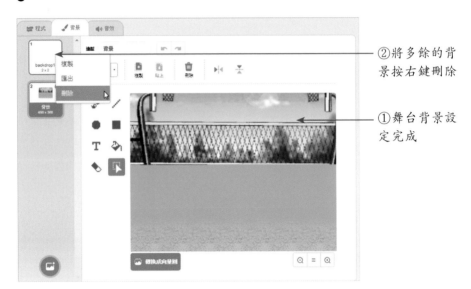

②將多餘的背
景按右鍵刪除

①舞台背景設
定完成

15-2-2 上傳角色與造型

➤ 上傳角色

1

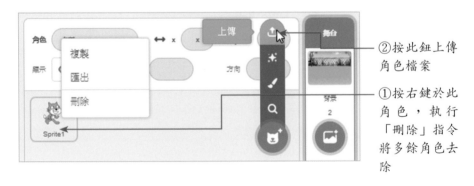

②按此鈕上傳
角色檔案

①按右鍵於此
角色，執行
「刪除」指令
將多餘角色去
除

2

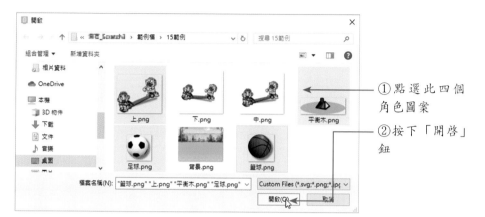

①點選此四個
角色圖案

②按下「開啟」
鈕

3

以滑鼠拖曳，將角色
分別放置在如圖的位
置上

➢ 加入角色的造型

範例中的主角是兩個玩蹺蹺板的男童，因此這裡要透過「造型」標籤
來做出蹺蹺板上下移動的效果。

1

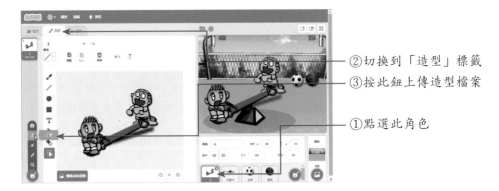

②切換到「造型」標籤

③按此鈕上傳造型檔案

①點選此角色

2

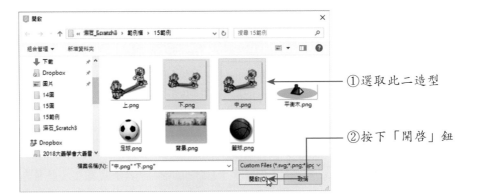

①選取此二造型

②按下「開啟」鈕

3

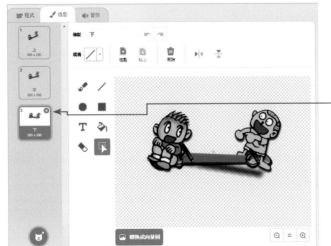

依照上、中、下順序
排列造型

15-3 設定蹺蹺板造型的替換

　　完成舞台、角色、造型的上傳後，接下來先來設定蹺蹺板的動態效果，讓綠旗被按下時，蹺蹺板的造型能夠不斷地變換。

1

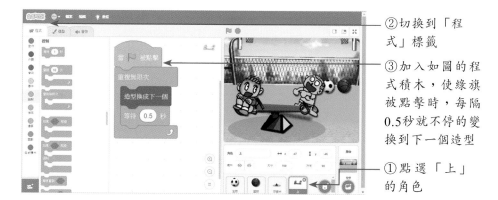

②切換到「程式」標籤

③加入如圖的程式積木，使綠旗被點擊時，每隔0.5秒就不停的變換到下一個造型

①點選「上」的角色

2

按下綠旗觀看效果，就可以看到蹺蹺板很順暢的上下移動

15-4 提問與回答設定

　　通常在兩個人對話的腳本中，各位利用「偵測」類型中的「詢問__並等待」與「詢問的答案」兩個程式積木就可以辦到。選用前者時，Scratch程式會將字串中的文字以圖說文字的方式顯現在角色上方，同時舞台下方會出現一個輸入塊，等待使用者由鍵盤上輸入資料，而所輸入的文字資料就是所謂的「詢問的答案」。

　　如果產生出來的答案需要與提問者說明的文字一起顯現，則可透過「外觀」類型中的「說出__持續__秒」積木，與「運算」類型中的「字串組合__ __」積木來合併字串。

　　理論上我們所堆疊的程式積木應該是放在蹺蹺板上，但因為我們做了造型的替換，這樣會使提問的文字塊不斷地上下跳動而影響到文字的讀取，因此筆者把程式積木堆疊在「平衡木」的角色上，如此一來，既不會影響到兩位主角的顯現，文字也可以看得一清二楚。

15-4-1 詢問設定

　　首先設定右邊男童要提問的問題，並觀看它執行的結果。

1

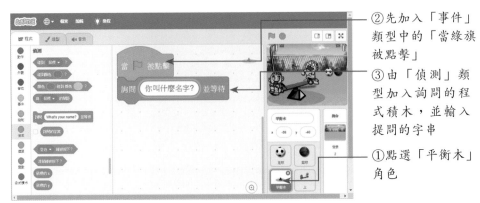

②先加入「事件」類型中的「當綠旗被點擊」

③由「偵測」類型加入詢問的程式積木，並輸入提問的字串

①點選「平衡木」角色

2

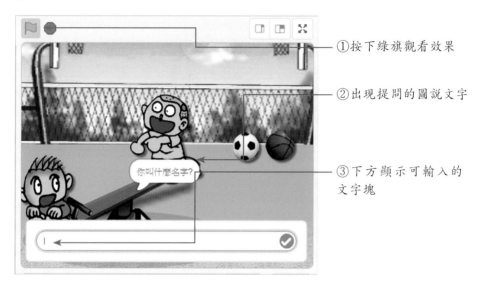

①按下綠旗觀看效果

②出現提問的圖說文字

③下方顯示可輸入的
　文字塊

15-4-2 合併答案和回覆文

　　當使用者從顯示的文字塊中輸入任何文字後，接下來各位可以繼續設定右邊男童要提問的問題。如果想要重複對方所輸入的文字並做說明時，可利用「說出＿持續＿秒」與「字串組合＿＿」積木來合併字串。

1

依序由「外觀」、
「運算」、「偵
測」等類型加入程
式積木，讓回答的
字串與要說出的字
串組合在一起

2

①按綠旗觀看結果

②出現文字塊後，輸入
　文字內容

③按此鈕表示確認

3

顯示答案與回覆文的合
併效果

15-4-3 判讀答案與回應不同結果

　　對於剛剛介紹的提問與回答有所了解後，接下來請各位繼續加入如下的提問與答覆文。

✔ 詢問：你第一次來這裡玩翹翹板嗎？

✔ 說出：這樣啊！我常來這裡玩球。（2秒）

✔ 詢問：你喜歡玩足球或籃球？

　　堆疊而成的程式積木如下：

CHAPTER

15

　　提問的問題若是具有選擇性，可以利用「如果＿那麼＿」的程式積木來處理。如果答案等於足球（或籃球）時，就執行其內層的程式指令。若內層指令較為複雜時，也可以考慮利用訊息的廣播或接收來處理。

➢ **詢問的答案=足球**

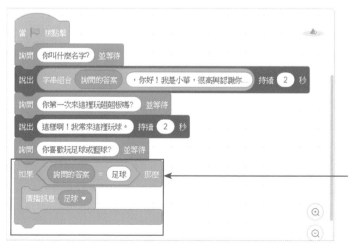

堆疊出如圖的程式
積木，讓答案等於
足球時就廣播足球

> 詢問的答案=籃球

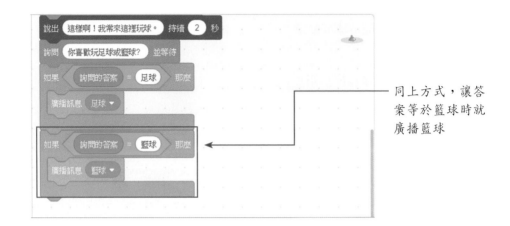

同上方式，讓答案等於籃球時就廣播籃球

> 詢問的答案非等於籃球或足球

　　萬一輸入的資料並非足球或籃球時，那該怎麼辦呢？此範例中筆者是利用「控制」類型中的「重複直到＿」的程式積木來處理提問的問題，待確認答案後，以便執行籃球或足球的進一步動作。

1

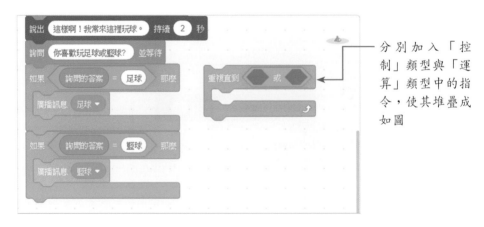

分別加入「控制」類型與「運算」類型中的指令，使其堆疊成如圖

2

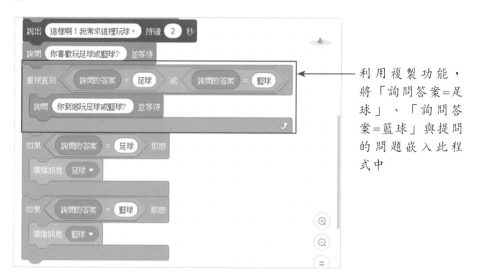

利用複製功能，將「詢問答案=足球」、「詢問答案=籃球」與提問的問題嵌入此程式中

15-4-4 自動停止所有程式與角色

當提問有結果，籃球或足球也做出回應後，最後停頓2秒，以圖說文字做個結尾，就讓程式自動停止，表示提問已經結束。此處請繼續在「平衡木」下方加入如圖的三個程式積木。

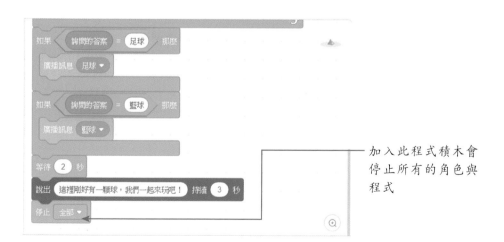

加入此程式積木會停止所有的角色與程式

15-5 設定足球／籃球的訊息接收

　　如果輸入者在文字塊中輸入足球或籃球，就做「廣播」的動作，所以現在我們必須在足球或籃球的角色上分別加入「接收」的動作。讓收到訊息時，足球或籃球自動滾動到舞台下方的邊界處，以便回應故事的結尾──「這裡剛好有一顆球，我們一起來玩吧！」

15-5-1 足球角色設定

　　在足球方面，設定的重點有兩項：

✓ 當綠旗被點擊時，讓足球移到指定的位置。
✓ 當接收到足球的訊息時，就讓足球向左不斷地旋轉，同時減少X座標與
　Y座標的數值，直到球碰到舞台邊緣才停止下來。

　　依此腳本概念，請為足球堆疊出如圖的程式積木：

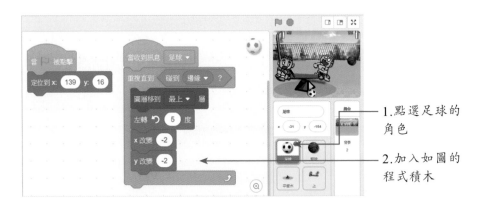

1.點選足球的
　角色

2.加入如圖的
　程式積木

　　按下綠旗依序播放程式後，最後看到足球移到舞台下緣。

15-5-2 籃球角色設定

籃球的設定內容與足球大致相同,因此直接拖曳堆疊的程式積木到「籃球」的角色中,再修改原先的座標位置與接收的訊息名稱就行了。

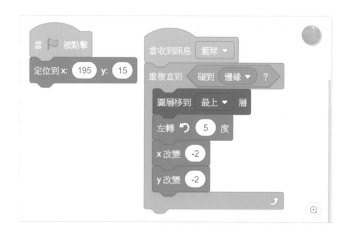

第十六章

地表最好玩的乒乓球 PK 賽

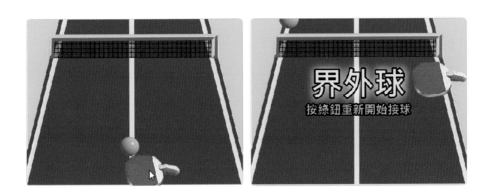

16-1 腳本規劃與說明

這個範例主要是以桌球拍來替代滑鼠，透過滑鼠的控制，讓桌球拍把乒乓球拍打過網，而彈回來再依球的落點位置繼續以桌球拍（滑鼠）來接球。如果乒乓球跑到球桌的邊界，則會自動停止程式，並顯示「界外球」的訊息。只要繼續按綠鈕就可以重新開始遊戲。

此範例中將學到兩個新的程式積木：

程式類型	程式積木	說明
偵測	鼠標的 x	偵測並傳回滑鼠游標的X座標。
偵測	鼠標的 y	偵測並傳回滑鼠游標的Y座標。

　　至於其餘的程式積木，各位在前面的章節都已學過，只要靈活運用，配合腳本的創意發想，精巧的遊戲就可以產生！

16-2 上傳背景圖與角色圖案

　　首先進行舞台背景與角色的上傳。

16-2-1 上傳背景舞台

1

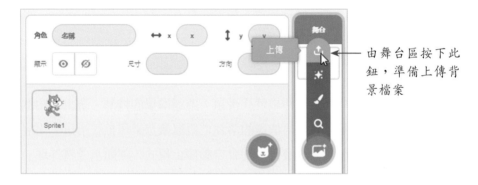

由舞台區按下此鈕，準備上傳背景檔案

2

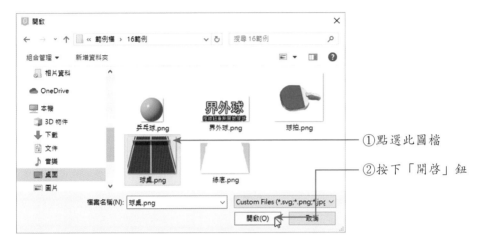

①點選此圖檔

②按下「開啟」鈕

3

顯示加入的舞台背景，
同時切換到「背景」標
籤，將多餘的背景圖按
右鍵刪除

16-2-2 上傳角色

確認舞台背景後，接著將會用到的角色上傳到角色區中備用。

1

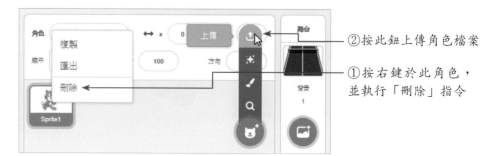

②按此鈕上傳角色檔案

①按右鍵於此角色，
　並執行「刪除」指令

2

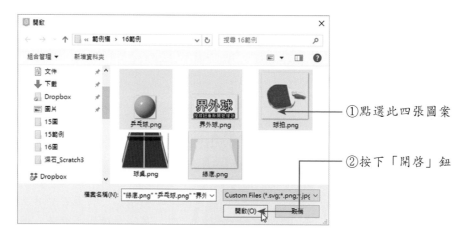

①點選此四張圖案

②按下「開啟」鈕

3

先將上傳的角色排列在如
圖的位置上

由於「界外球」的角色目前還不會用到，為了不影響程式的編輯，可以考慮先將它隱藏起來，其方式如下：

1

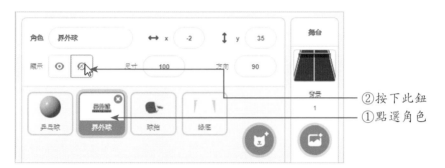

②按下此鈕
①點選角色

2

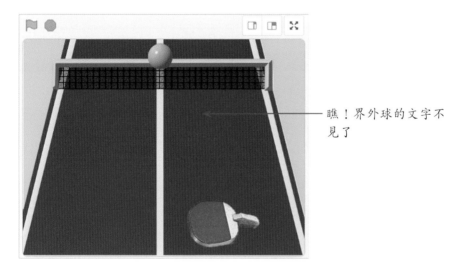

瞧！界外球的文字不見了

16-3 將桌球拍替代成滑鼠座標

要讓桌球拍可以隨心所欲的在球網的一方自由移動，那麼就必須將球拍的座標位置設定成滑鼠的座標位置。如此一來，只要滑鼠移到哪裡，球

CHAPTER

16

拍就會跟著移到那裡。

1

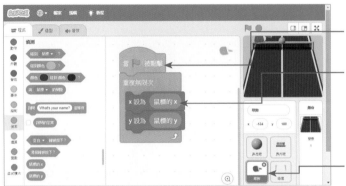

②加入「綠旗被點擊」的程式積木

③由「動作」和「偵測」類型加入此二程式積木,將座標設為滑鼠的座標,並重複無限次

①點選「球拍」的角色

2

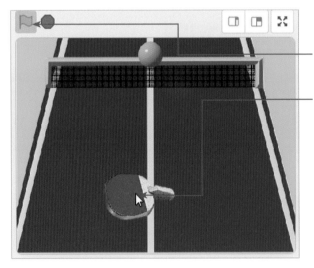

①按下綠旗鈕測試程式效果

②瞧!滑鼠移到哪,球拍就跟到哪

16-4 設定乒乓球的移動效果

桌球拍設定完成後,接著來設定乒乓球的移動。若就目前舞台背景的

畫面效果來看，各位必須考慮以下幾種情況：

✓ 正常狀況，乒乓球往下移動，並做旋轉。
✓ 如果乒乓球碰到桌球拍，就發出碰撞的聲音，同時將乒乓球移到舞台上
　 方靠近網子的任一處，以便造成球在球網兩端來回移動的錯覺效果。
✓ 如果乒乓球碰到淺綠色的地板，就表示球已出界，除了停止程式的進
　 行，並要顯示「界外球」的訊息。

　　由於範例中需要使用到乒乓球碰撞到桌球拍的聲音，因此我們將使用
範例中的音效檔「pop」，如圖示：

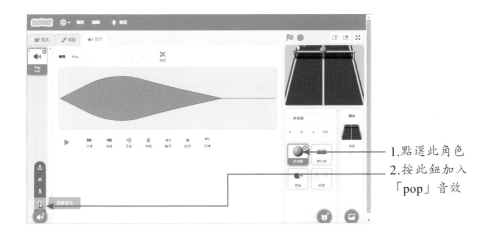

1. 點選此角色
2. 按此鈕加入
　 「pop」音效

　　依照如上考慮的要點，現在試著用程式積木來做堆疊。

16-4-1 乒乓球上下移動

　　這裡我們將利用「如果＿那麼＿，否則」的程式積木來控制乒乓球的
上下移動。

1

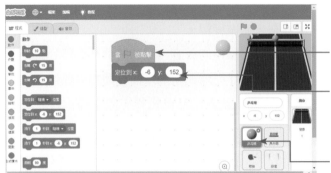

②加入「綠旗被點擊」
的程式積木

③由「動作」類型中拖
曳此指令到腳本區,使
欄位中自動顯示目前乒
乓球所在的位置

①點選「乒乓球」角色

2

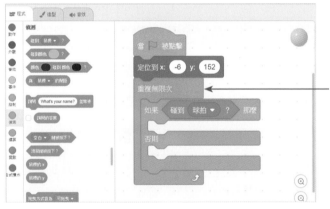

如圖依序加入「控
制」與「偵測」類別
的程式積木,讓條件
式成立或不成立時,
都能執行其內層的指
令積木

3

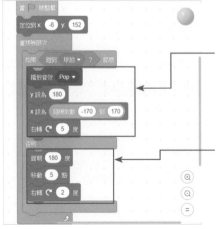

①設定乒乓球碰到球拍時,就播放
「pop聲」,同時將Y座標設在180(舞
台頂端)的位置,而X座標則是在-170
和170之間隨機選一個數,並將球的旋
轉角度設為5

②設定若乒乓球沒有碰到球拍時,就
向下方(180度)的方向移動5點,並
旋轉2度

　　完成如上設定後，請按下綠旗觀看程式效果，就可以看到乒乓球的移動狀況，就如同自己和他人對打一樣。

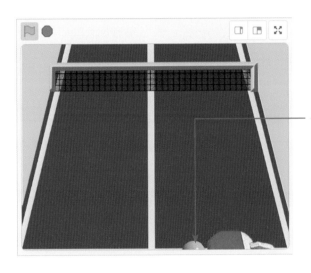

乒乓球若落到舞台下方，只要碰撞到桌球拍，又會自動移到舞台頂端

16-4-2 界外球設定

　　如果乒乓球跑到球桌外，就讓這個遊戲結束，同時顯示「界外球」的角色。由於「乒乓球」角色無法透過程式積木來控制「界外球」的顯示或隱藏，因此這裡將使用廣播訊息的功能來處理。請延續上面的角色繼續進行設定：

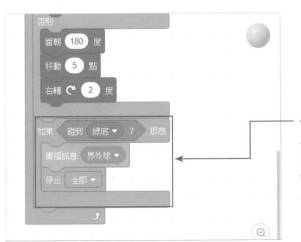

依序加入如圖的程式積木，當碰到「綠底」的角色時，就廣播「界外球」的訊息，然後停止這個程式

　　廣播並新增「界外球」的訊息後，接下來切換到「界外球」的角色，以便設定接收時及綠旗被點擊時的效果。由於在一開始時，我們將「界外球」設定為隱藏，所以請先從角色區中將它「顯示」。

1

②按此鈕使之顯現

①點選「界外球」角色

2

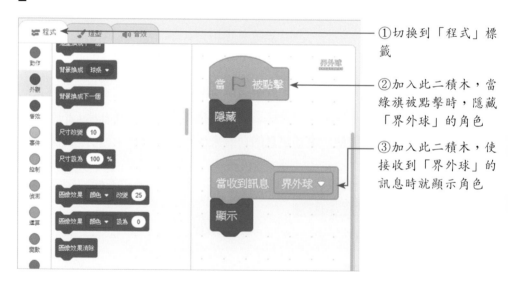

①切換到「程式」標籤

②加入此二積木，當綠旗被點擊時，隱藏「界外球」的角色

③加入此二積木，使接收到「界外球」的訊息時就顯示角色

　　行文至此，打乒乓球的遊戲就製作完成囉！各位快來享受一下打桌球的樂趣吧！

國家圖書館出版品預行編目(CIP)資料

遊戲中學習Scratch運算思維與程式設計／數
位新知著. -- 初版. -- 臺北市：五南圖書
出版股份有限公司, 2024.07
面； 公分
ISBN 978-626-393-480-1(平裝)

1.CST: 電腦遊戲　2.CST: 電腦動畫設計

312.8　　　　　　　　　　113008936

5R71

遊戲中學習Scratch運算思維與程式設計

作　　　者 — 數位新知（526）

發 行 人 — 楊榮川

總 經 理 — 楊士清

總 編 輯 — 楊秀麗

副總編輯 — 王正華

責任編輯 — 張維文

封面設計 — 姚孝慈

出 版 者 — 五南圖書出版股份有限公司

地　　　址：106台北市大安區和平東路二段339號4樓

電　　　話：(02)2705-5066　　傳　　真：(02)2706-6100

網　　　址：https://www.wunan.com.tw

電子郵件：wunan@wunan.com.tw

劃撥帳號：01068953

戶　　　名：五南圖書出版股份有限公司

法律顧問　林勝安律師

出版日期　2024年7月初版一刷

定　　　價　新臺幣550元

經典永恆・名著常在

五十週年的獻禮——經典名著文庫

五南，五十年了，半個世紀，人生旅程的一大半，走過來了。

思索著，邁向百年的未來歷程，能為知識界、文化學術界作些什麼？

在速食文化的生態下，有什麼值得讓人雋永品味的？

歷代經典・當今名著，經過時間的洗禮，千錘百鍊，流傳至今，光芒耀人；

不僅使我們能領悟前人的智慧，同時也增深加廣我們思考的深度與視野。

我們決心投入巨資，有計畫的系統梳選，成立「經典名著文庫」，

希望收入古今中外思想性的、充滿睿智與獨見的經典、名著。

這是一項理想性的、永續性的巨大出版工程。

不在意讀者的眾寡，只考慮它的學術價值，力求完整展現先哲思想的軌跡；

為知識界開啟一片智慧之窗，營造一座百花綻放的世界文明公園，

任君遨遊、取菁吸蜜、嘉惠學子！